ナショナル・トラストの大地をゆく

四元忠博・四元雅子 共著

時潮社

目　次

序　章　1985年のナショナル・トラストの状況 *7*

BACKGROUND INFORMATION 1985 *9*

1．1985年1月1日現在のナショナル・トラストの情勢と統計値 *9*
2．ナショナル・トラストの会員数の推移（1895年から1984年末まで）*11*
3．ナショナル・トラストの資産への訪問者数（有料）*12*
4．ナショナル・トラストの収支概要（1984.1.1～12.31）*12*
5．進行中のアピール *13*

ナショナル・トラスト雑感 *14*

第1章　湖水地方、コーンウォールなどを訪ねて *19*

1．ナショナル・トラストとは？ *19*
2．湖水地方を訪ねて *21*
3．再び湖水地方を訪ねて *26*
4．美しい自然の守り手 *29*
5．コーンウォールを訪ねて *30*
6．イギリス人は海への郷愁が強い *32*
7．ポレスデン・レイシィを訪ねて *33*

第2章　ナショナル・トラストの成長をめぐって *37*

はじめに *37*

1．ナショナル・トラスト本部にて *42*
2．バスコットとコールズヒルへ *45*

おわりに *50*

第3章　地域の再生をめざして *55*

はじめに *55*

1．湖水地方を訪ねて *55*
2．ブロックハンプトン・エステートのウォレン農場へ *60*

第4章　ナショナル・トラスト運動
——ハニコト・エステートのクラウトシャム農場を例にして　*65*

ナショナル・トラストの成立と戦略的目標　*65*
　1．ハニコト・エステートを歩く　*70*
　2．クラウトシャム農場を訪ねて　*74*

第5章　イギリスの大地を守る
——ナショナル・トラストのオープン・カントリィサイドを歩く　*85*

はじめに　*85*
　1．レッド・ハウスへ　*87*
　2．レイブンスカーへ　*88*
　3．理事長ヘレン・ゴッシュ女史と初会見　*91*
　4．シャーボン村へ　*93*
　5．シャーボン農場の生息地改良プロジェクト　*93*
　6．スリンドン村へ　*94*
　7．ピーク・ディストリクトへ　*96*
　8．再び名園ストアヘッドへ　*97*
　9．ハニコト・エステート・オフィスへ　*98*
　10．コーフ城とスタッドランドへ　*98*

第6章　地域経済の健全化を求めて　*101*

はじめに　*101*
　1．ドーヴァーのホワイト・クリフスへ　*103*
　2．デヴォンシァ南部の海岸線を行く　*104*
　3．キングストン・レイシィへ　*107*
　4．ダナム・マッシィ、そしてフォーンビィへ　*108*
　5．北アイルランドへ　*110*

目 次

第7章　community allotments（地域集団を再生するための家庭菜園）を訪ねて　*115*

はじめに　*115*
1．コミュニティの再生—アングルシィ・アビィとハッチランズの家庭菜園（allotments）を訪ねて　*116*
2．キングストン・レイシィへ　*118*
3．北アイルランドへ　*122*
　（1）ミノウバーンへ　*122*
　（2）カーニィ村へ　*122*
　（3）マウント・スチュアート・ハウス・アンド・ガーデンへ　*124*
4．クランドン・パークへ　*124*
5．リントンからクーム・マーティンへ　*126*
6．ナショナル・トラストとピーク・ディストリクト国立公園へ　*127*
7．ナショナル・トラスト本部のピーター・ニクスン氏と　*128*
8．ヒッグズ家へ　*134*

第8章　ナショナル・トラストの大地をゆく　*135*

はじめに　*135*
1．北ヨークシァを歩く　*136*
2．イギリス西南端リザード・ポイントおよびカイナンス・コーヴへ　*139*
3．ロンドンからクウォリィ・バンク・ミルへ　*140*
4．湖水地方へ　*146*
5．ノーフォーク海岸へ　*150*
6．ウェールズ南西部へ　*153*
7．ウェールズ北部へ　*159*
8．リヴァプールへ　*164*
9．ワイト島へ　*165*
10．シャーボン農場とナショナル・トラスト本部へ　*170*

第 9 章　ナショナル・トラストの戦略　*173*

1．ウォリントン・エステートとキラトン・エステート　*173*
　　はじめに　*173*
　　（1）イングランド北東部：ウォリントン・エステートへ　*174*
　　（2）ニュービゲン・ハウス農場へ　*177*
　　（3）イングランド南西部、キラトン・エステートへ　*179*

2．ウォリントンのニュービゲン・ハウス農場とキラトンのジャーヴィス・ヘイズ農場　*183*
　　はじめに　*183*
　　（1）ニュービゲン・ハウス農場　*184*
　　（2）キラトン・エステート――ジャーヴィス・ヘイズ農場　*186*

おわりに　*195*

地名索引　*197*
事項・人名索引　*201*
【付】ナショナル・トラスト地図　*205*

序章
1985年のナショナル・トラストの状況

　ナショナル・トラストについては、わが国でも強い関心が寄せられ、ある程度その研究も進みつつあるといえよう。そのこと自体、大変喜ばしいことである。しかし現在日本でも、イギリスのナショナル・トラストを見習いつつ、いわゆる土地の買い取り運動であるナショナル・トラスト運動が進展しようとしつつあるとき、もしそれが誤り伝えられているとしたならば、それが直接に実践運動とかかわっているだけに、その影響たるやまことに由々しいものになるに違いない。そこで1985年5月の渡英を機にナショナル・トラストの本部を訪れ、真のナショナル・トラスト像を把握すべく、その歴史と現状を探ってみることにした。

　イギリスにしろ、日本にしろ、国土の保全あるいは一国における産業構造の健全化という観点に立つとき、地方（countryside）のもつ意味は重大である。

　このことをイギリスにおいて、私は例えばナショナル・トラストの発祥の地である北西部にある湖水地方（Lake Districts）と南西部の海岸地帯コーンウォールにおいて確認することができた。そしてわが国においては、体験的に私の郷里である志布志湾地方にそれを見出すことができる。それこそは一つには郷土意識であり、かつ郷土愛である。一国における地方の重要性とそして究極的に地方を救い出しうるものこそは郷土意識であり、かつ郷土愛であることは、すでにナショナル・トラストの人々が十分に知悉しているところであるが、このことは意識されているか否かにかかわらず、わが国においても少しも異なるところはない。今後自然保護活動がますます活発化するであろうし、またそのなかで自然保護思想の重要性が一層国民の中に浸透していくことが望まれるわけであるが、それと同時に地方と郷土意識あるいは郷土愛というテーマが大きな課題となるであろう。

1985年5月17日、ロンドン到着後直ちにナショナル・トラスト本部を訪問し、理事長のアンガス・スターリング氏および84年に訪日されたローレンス・リッチ氏らに会い、その後約1か月間ボーンマスに滞在して、6月14日よりロンドン生活を再開した。その後約2か月の間、ウェストミンスター寺院の近くにある地下鉄セント・ジェームズ・パーク・ステーションからビルの一角が見えるナショナル・トラスト本部3階において、年次報告書など初期の頃の資料の通読に努めた。これはナショナル・トラストについて、その経済史的背景をも含めながら成立の事情を探るためである。ナショナル・トラストの運動がイギリスにおいて大きく発展したのには、個人の善意とか、イギリス的なものの考え方などがもちろんあったに違いない。しかし現在、ナショナル・トラストが少なくともイギリスにおいて不動ともいうべき重要な地位を占めるに至った経緯を、イギリス史の中で探るのでなければ、この経験を日本の自然保護運動に援用する場合でも、きわめて危険でありえようし、またナショナル・トラスト研究としても当然科学的研究たりえないであろう。

　ところで、私がナショナル・トラスト本部を訪ねた最初の日に、'BACKGROUND INFORMATION 1985'を手渡された。これはナショナル・トラストがイギリスで公表した最新の情報である。1984年度については、ロビン・フェデン著、四元訳『ナショナル・トラスト―その歴史と現状』（時潮社、1984年）の付録として記載されている。したがって1984年以前の記録については本訳書に譲らねばならないけれども、本訳書の読者がそれほど多いとは考えられないので、そのことを考慮しつつ'BACKGROUND INFORMATION 1985'を紹介することにしたい。

　ナショナル・トラストの成立およびその紹介の素描については、あとで試みることにしよう。

　19世紀後半、イギリスにおいてオープン・スペースへの危機が深まるにつれて、1895年、先見の明に富んだ弁護士のロバート・ハンター、社会改良家のオクタヴィア・ヒル女史、そして牧師のハードウィック・ローンズリィの3名によって、ナショナル・トラストが法人組織として創立されたことはまことに意義深い。19世紀末といえば、産業革命の勃発後、すでに1世紀以上を経過しているが、それの自然環境への悪影響も無視しえないものがあったに違いない。

序　章　1985年のナショナル・トラストの状況

1985年現在で創立90周年を迎えたわけであるが、その間諸種の統計数値を見る限り、順調な成長を遂げたということができよう。

したがって90周年を迎えるにあたり、トラストは広大な中世のマナー・ハウスの確保と、海岸買い取り運動であるエンタープライズ・ネプチューン・キャンペーンが85年現在で20周年目であることを含めて、このキャンペーンが引き続き成功したことを背景にしつつ、次いでその仕事の完成を目指すという我々日本人にとっては、まことに気の遠くなるような、しかし実現可能性の十分にある輝かしい展望を土台にして、次の段階へ向かって新たな船出を開始したようである。

BACKGROUND INFORMATION 1985

トラストの1985年の最新情報は5項目に分かれている。全部を公表することは紙幅の制限もあり、拙訳書とも重複するので、ここでは必要と思われるところを記すことにしよう。なお1984年以前との詳細な比較対象のためには、本訳書を参照されることを期待したい。

1．1985年1月1日現在のナショナル・トラストの情勢と統計値

- ○会員数　　　　　　　　　　　　　　　　　　　　　119万3,946人
- ○トラストの資産への訪問者数（有料）　　　　　　　759万6,117人
- ○所有面積（1エーカーは約4,000平方メートル、0.4ヘクタール）
　　　　　　　　　　　　　　　　　　　　　　　　　52万2,458エーカー
- ○契約付きの土地面積　　　　　　　　　　　　　　　7万6,390エーカー
- ○エンタープライズ・ネプチューン・アピールによりトラストによって保護されている海岸地の面積　　　　　　　　　　　　　　10万4,119エーカー
- ○トラストによって保護されている海岸線の総マイル数（1マイル＝約1.6km）
　　　　　　　　　　　　　　　　　　　　　　　　　452.75マイル
- ○指定された時間および、あるいは有料で一般の人々に開放されている資産
　　　　　　　　　　　　　　　　　　　　　　　　　276件

- 一般の人々に開放されている邸宅（大・小・都市および地方の）と城　187件
- 一般の人々に開放されている大きなカントリィ・ハウス　85件
- 有名人と関連のある邸宅　38件
- 城　24件
- 教会および礼拝堂　36件
- 庭　園　109件
- 先史時代の遺跡　103件
- 古代ローマ時代の遺跡　11件
- 特別に学術上興味のある遺跡　412件
- 風車および水車　21件
- 産業上の記念物　17件
- 村落および小村（ハムレット）　40件
- 中世の納屋　11件
- インおよびパブリック・ハウス（大部分は契約付きの）　34件
- 自然保存地　44件
- 自然遊歩道　100件
- カントリィ・パーク　13件
- ショップ　165件
- 農　場　1,145件
- 鳩　舎　17件

　いずれにおいても前年度に比べ大幅な増加をみたといえるけれども、ただ農場においては前年度に比べ件数およびエーカー数とも微減を示している。これはチェシァにおいて農場の合併および売却があったためという。

2．ナショナル・トラストの会員数の推移（1895年から1984年末まで）

1895年	100人	1920年	700人	1943年	6,700人	1970年	226,200人
1900	250	1925	850	1944	6,800	1975	539,285
1905	500	1930	2,000	1945	7,850	1980	949,323
1910	650	1935	4,830	1950	23,402	1981年5月	1,000,000
1914	725	1938	7,250	1955	55,658	1981	1,046,864
1915	700	1939	7,100	1960	97,109	1982	1,137,511
1916	675	1940	6,800	1965	157,581	1983	1,133,000
1917	650	1941	6,500	1967	170,986	1984	1,193,946
1918	650	1942	6,550	1968	160,100		

　ここで注目すべきは創立当初から1984年に至るまで、ほぼ一貫して増加し続けていることである。ただ会員数の減少期が両大戦間であったということには注意しておく必要がある。戦争が自然を大量に破壊しさるものであることはいうまでもない。それと同時に自然の守り手たちをも自然から引き裂いてしまうということも決して忘れてはならないのである。そういう意味において戦争が二重の意味で人類の敵であるということも当然忘れてはならない。

　その他会員数の減少したのは、1968年と1983年のみである。1983年の会員数の減少については、アンガス・スターリング理事長が1984年度年次報告書において言及しているように、この年実施された会費の引き上げによるものであろうが、氏の予告どおり1984年には再び増加している。このような驚くべき会員数のコンスタントな増加はイギリス人の自然保護への認識の高さを反映していると、私の体験からでも確実に言えるけれども、この事実こそは、わが国においても大きな展望を抱かせるに十分なものがあるといえよう。

3．ナショナル・トラストの資産への訪問者数（有料）

1953年	700,000人	1979年	6,245,000人
1960	1,000,000	1980	6,602,000
1966	2,300,000	1981	6,230,000
1970	3,100,000	1982	6,655,000
1975	4,588,000	1983	7,044,000
1977	4,980,000	1984	7,596,000
1978	6,099,000		

　これらの数字も着実な増加を示していることは、表に示されているとおりである。ただ注意すべきは、これだけがトラストの資産への訪問者数ではないということである。例えば私が数回にわたって訪ねた湖水地方やコーンウォールのオープン・スペースは無料である。むしろ無料の資産のほうがはるかに多いのである。したがってトラストの資産を観光資源とのみ考えるのではなくて、訪問者がそこを訪ねることによって自然環境への認識を高めることにこそ、我々の注意を向けることが肝要である。

4．ナショナル・トラストの収支概要 （1984.1.1～12.31）

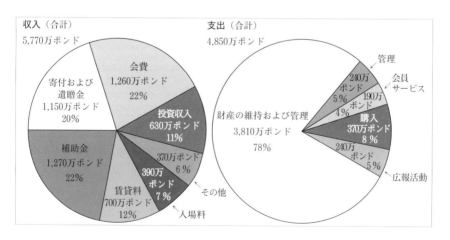

序　章　1985年のナショナル・トラストの状況

収支ともに前年に比べ、その規模は増大している。とくにここで注意すべきは補助金が、例えば1982年度410万ポンド（12%）から1984年度1,270万ポンド（22%）へと増加していることである。これは各種の政府機関からの補助金に負うところが多いけれども、このことの詳細な分析については後日に俟たねばならない。しかしここで強調すべきは、理事長のアンガス・スターリング氏をはじめ会員諸氏から、ナショナル・トラストが地方自治体からはもちろん、中央政府からも完全に独立しているとの言質を得ていることをここに記しておこう。

5．進行中のアピール

ナショナル・トラストにおいて進行中のアピールとして報告されているものは11件であるが、とくにわが国でよく知られているものは、おそらく海岸の買い取り運動であるエンタープライズ・ネプチューン・アピールである。

これは1965年、イングランド、ウェールズおよび北アイルランドの全周3,000マイル（1マイル＝1.6km）のうち900マイルの海岸がいまだ開発で汚されていないとして、これを買い取り保護しようとして始まった運動である。そしてこの運動によって1985年現在でその半分の約450マイルの海岸が寄付あるいは買い取りの形でトラストの所有下に入ったことは、まさに驚くべき成功という以外にない。ここにトラストの所有下に入った海岸は、名実ともに永久に開発から保護されることになったわけである。

しかし残る450マイルの海岸は常に開発の脅威にさらされているわけである。かくてトラストとしては、残る450マイルをもトラストの所有下に置くことを目標に、85年度をもって第2弾目のアピールを開始したわけである。トラストの成立90周年を機に、このようなアピールを開始しえたということはまさに凌駕すべきことであるが、トラスト自体が、ナショナル・トラストによる所有形態こそが最も確実な保護を保証しうるものであることを確信していることこそ、我々の肝に銘ずべきところである。

それから湖水地方は、海岸地帯であるコーンウォールとともにナショナル・トラストの発祥の地であり、また自然保護運動での根強い地帯でもあるが、同時にその実質部分がナショナル・トラストの所有地であると言ってよい。ここ

では農法の近代化と観光客の増加により湖水地方本来の景観が損なわれつつある。かくてこのような問題を処理するためには、この地域からあがるトラストの収入のみでは不十分である。したがって1984年4月から資金調達のための全国的なアピールが開始されているが、これがThe Lake District Landscape Fund Appealである。

それにThe Bath Skyline Appeal。これはイギリスの有名な温泉都市バースの東南部にある樹林地帯を保護しようとするアピールである。これは1983年、22万ポンドの資金を集めるために始められたものであるが、目標額まであと4万2,000ポンドが残されているのである。

以上11件のうち2件のみを紹介したけれども、いずれもその資金調達を会員および国民の手に委ねるという姿勢が貫かれていることを忘れてはならない。

ナショナル・トラスト雑感

以上ナショナル・トラストの現状を、主としてその統計値に基づきながら紹介してきた。以下においては、上述のことをよりよく理解するということをも含めて、渡英後、とくにナショナル・トラスト本部で勉強を開始して以降、私自身がいろいろ考えてきたことなどについて書き記してみたい。

私の当面のナショナル・トラストに関する研究対象は、トラスト成立の歴史的背景を探ることにある。そこで手始めに創立者3名のうち1名を選んでその人物を探ろうということにあった。その人物を離日前に明確に決めていたわけではなかった。そこでトラスト訪問後、ローレンス・リッチ氏がキャノン・ローンズリィの研究を強く勧奨してくれた。私も彼が湖水地方の番犬といわれ、また極めて精力的で行動的な人物であったこともあり、大変興味を持っていた。数日後キャノン・ローンズリィ研究を決心。少しずつ勉強を始めている。

キャノン・ハードウィック・ローンズリィ（1851年～1920年）が活躍した時代は、産業革命の開始以来1世紀後である。したがってこれまでのイギリスの産業構造にも相当な変動が生じ、とくに農業部門の切り捨てが著しかったことには注目する必要がある。それに鉄道敷設など開発の危機も著しかった。歴史的名勝地および自然的景勝地をはじめとするオープン・スペースが次々と破壊さ

れるにおよび、とくにローンズリィの故郷である湖水地方が1883年の鉄道敷設法案で危うくなったとき、それに敢然と立ち向かわせたものこそ、彼の湖水地方への熱い郷土愛であったし、またそのもとに結集した人々もまた郷土愛に燃えた人々であったことも明らかである。これらの運動を土台として、前述のように1895年、ナショナル・トラストが会社法のもとに法人組織として創立されたのであった。

　ナショナル・トラストは「イギリスのオープン・スペースを一般の人々の利益のために保護するという目的で形成され」たもので、国民のために土地や建造物を購入し、かつ所有することを目的とする法人団体である。そして1907年にはトラストにとって決定的に重要ないわゆる第1次ナショナル・トラスト法が議会を通過した。これはトラストにその財産が「譲渡不能である」と宣言する権利を付与したもので、かくて譲渡不能な土地と建造物は、政府によっても、地方自治体によっても、特別の議会の手続きを経ないでは強制的に獲得されえないことが明文化されたのである。

　このようなナショナル・トラスト法の特典に加えて、トラストは一般法の下でも、他の特典や免除を獲得した。たとえば1931年の財政法においては、トラストに与えられた土地や建造物が譲渡不能であると宣言されるならば、それらに対する相続税が免除されたのである。かかる一連の法的優遇措置のもとに、ナショナル・トラストが着実な進展を遂げたであろうことは、まず間違いのないところである。

　しかし当初からこのような法的優遇措置が与えられたのでは決してなかったことも忘れてはならない。ナショナル・トラストはいうまでもなく純粋な民間団体である。現在頒布されているパンフレットにも「ナショナル・トラストは政府団体ではない。補助金（subsidy）なしでこの団体をすべて維持しなければならない」と書いてあるのである。すなわち草創時から一貫して「ナショナル」な団体なのである。トラストの会員および国民の支持を背景に、かつまたその業績を踏まえてこそ、かかる法的優遇措置を獲得できたのだと理解しなければならない。その逆ではないのである。

　ところで過日リッチ氏と会ったとき、「ナショナル」とはどういう意味か尋ねたことがある。彼の答えは簡単であった。'for nation'「国民のために」で

あった。なるほどナショナル・トラストの年次報告書やその他のパンフレット類をみると、いたるところ'for nation'という語句が散見される。リッチ氏にしてみれば、'for nation'で十分に説明がつくのであろう。しかし日本人の感覚ではどうなのであろうか。理論的にはともかく、日本人の感覚からして、日本人には政府なり地方自治体が国民にとって当てにはできないものだから、みずからのためには政府など頼りにせず、みずからの力で行動を起こして難局を切り開いていこうという、いわば在野の精神があまりないのではないだろうか。

　したがってイギリスのナショナル・トラストが現在では、政府や地方自治体から協力を受けているという事実だけに目を奪われて、わが国の自然保護運動においても、政府や地方自治体、さらには企業との協力関係に安易に走ろうとする動きがあることは、一面では首肯できるけれども、また他面においてはきわめて危険であると言わざるをえない。ナショナル・トラスト運動とは、まさに政府など当てにできないし、また信頼できないから、民間人の手でみずから自然保護を実現していこうという運動であったということをまず第一に抑えておく必要がある。それ故にこそトラストがナショナル・トラストであることを決して忘れてはならないのである。我々としては、是非ともう一度ナショナルという言葉を捉え直す必要があろう。因みに我々の目からして、ナショナル・トラストが政府や地方自治体から大きな協力関係を勝ち得ている現在においても、ナショナル・トラストの人々が、それらの協力関係にそれほど大きな期待を寄せることなく、あくまでもトラスト会員および国民の支持を最大限に重視していることを付記しておこう。

　それからナショナル・トラストは創立当初から現在に至るまで、一貫して変わることなくオープン・スペース、すなわち土地の遺贈、譲渡、購入に意を注いできたことにも注目しておきたい。ナショナル・トラストの成立前後は、イギリスにおいてまさに「農業大不況」の時期に当たる。それに先立つ1846年にはこれまでの農業と工業とがバランスよく発展していくという「農工連帯保護制度」を体現した「穀物法」が撤廃されている。それ以降農産物輸入に歯止めがかからなくなり、1893年前後には食料の自給率は23％まで低下していた。むろん耕作放棄＝耕地の荒廃そして土地売却が生じたのは当然である。その結果

これまでの大所領が細分化されてしまい、まとまりのある景観が破壊されてしまうという状況も生じたに違いない。

　かくて農業危機と地主階級の没落という事実を背景にして、ナショナル・トラスト運動はきわめて有利な展開を示すとともに、その成立も可能になったと考えることはできないであろうか。私は拙著『イギリス植民地貿易史―自由貿易からナショナル・トラスト成立へ―』（時潮社、2017年）において、外国貿易と輸出産業とが重視される中で、産業革命以前において既にイギリスにおける産業構造が歪曲化しつつあったことを明らかにした。ましてや産業革命以降になると、イギリスの産業構造があるべき姿からきわめて歪んだものへと変わってしまったであろうことは、おのずから明らかである。農業危機と商工業の肥大化。それこそは自然破壊と公害をもたらすこと必定である。

　ところで私はオープン・スペース＝土地の獲得と保護はナショナル・トラストの創立当初からの一貫した政策であり伝統であると言った。それに加えて農業重視もトラストの伝統である。そして資本主義的生産のもとでは、農業部門においても自然破壊または公害問題は避けられないことも事実である。このような趣旨のことは、当然トラストのパンフレットにおいても書かれているし、またトラスト内部においては、この問題は解決しうるとのことが書かれている。

　自然ひいては大地＝土地こそは、何はともあれ生産の場である。生産の場を破壊してしまっては元も子もない。第1次産業部門ないし農業部門をこの観点からもう一度整合的に捉え直してみる必要があろう。これこそは国民経済ないしは産業構造の問題を考えるうえでも核心となるべきものであろう。

　それから私はナショナル・トラスト本部のassistant secretaryであるスーザン・オルコック女史の部屋を訪ねて話したことがある。その際彼女は、ナショナル・トラストの組織や獲得した法律などを深く研究するよりも、むしろトラストの変遷史あるいはトラストの思想の推移などを研究すべきではないかと忠告してくれた。私もまったく同感である。ナショナル・トラストの長い歴史のなかで得られた現在の組織や、政府ないし地方自治体との協力関係、ナショナル・トラスト法や財政法など、我々にはあまりにも大きな存在である。このような長い歴史を持った、むしろ重厚な感じさえもする現在のナショナル・トラストを、日本の自然保護活動が一気に模倣するならば軽挙妄動のそしりを免

れまい。むしろナショナル・トラストの変遷史を知り、かつトラストの持っている思想をしっかり把握することによって、わが国の自然保護運動に役立てることこそが肝要であろう。

　ロンドンのナショナル・トラスト本部では、二度にわたりしかも長時間にわたって私のためにミーティングを持っていただいた。それから滞英中（1985年5月17日から1986年1月23日まで）、私はできる限り多くのナショナル・トラストのpropertiesを訪問することに努めた。いずれにしろこれらの貴重な体験については報告しなければならない。

第1章
湖水地方、コーンウォールなどを訪ねて

1．ナショナル・トラストとは？

　ナショナル・トラストの名前は日本で最初のナショナル・トラスト運動（『天神崎を大切にする会』）をもつ和歌山県の人々には、恐らくなじみの深いものであるに違いない。しかし本場イギリスの「ナショナル・トラスト」について述べるには、少なくとも以下の説明だけはしておかなければならない。

　ナショナル・トラストは1895年、世界で初めてイギリスで、弁護士のロバート・ハンター、社会改良家のオクタヴィア・ヒル女史、そして牧師のハードウィック・ローンズリィによって設立された。その目的は第1に、一般の人々のために広大な自然のままの土地であるオープン・スペースを守ること、第2に、歴史的に由緒ある建造物などを守ることである。トラストが国民からの寄付金や財産の寄贈、遺贈などによってそれらを取得し、そして保存・管理し、一般に公開するために設立された純粋な民間団体であることはすでに知られていよう。

　19世紀末といえば、産業革命からほぼ1世紀を経ており、各地で相当に自然破壊が進んでいた。またこの頃は、ひところの鉄道建設ブーム（1830～50年）は収まっていたとはいえ、1851年のロンドン万国博や1871年の銀行休日（バンク・ホリデー）法にみられるように、一般の人々の「レジャー・ブーム」が現われつつあった。ロンドンから遠く離れた海浜地や湯治場、湖畔などへの鉄道敷設計画が後を絶たなかったのである。入会（いりあい）地をはじめとするオープン・スペースが次々と囲い込まれ、入会権者が入会権を蹂躙され、そして一般の人々の歩行権が奪われ、とどのつまりはオープン・スペースのもつ自然のままの美しさが失われていった。

サー・ロバート・ハンター　　オクタヴィア・ヒル　　キャノン・H・C・ローンズリィ
（1844〜1913年）　　　　　（1838〜1912年）　　　　（1851〜1920年）

　イングランド北西部の湖水地方は、美しい湖と山に囲まれた世界でも有数の風光明媚な保養地である。トラストの創立者の一人であるローンズリィはここに住み、そしてここを彼の主要な活躍の舞台とした。トラストの本によれば、1880年代から90年代にかけて、湖水地方におけるオープン・スペースの開発の脅威が増大したとある。いうまでもなく湖水地方への鉄道敷設法案が次々と持ち込まれたのである。これらが湖水地方の景勝の地を破壊すると判断したローンズリィは、ヒルとハンターたちに協力を求め、結局これらの計画を廃止に追い込んだ。

　しかし鉄道法案を廃案に追い込んだり、その他の開発計画をうまく阻止できたにしても、それだけでは湖水地方の保護は完全ではなかった。1893年、湖水地方でいくつかの景勝地が売りに出された。このときローンズリィは、それらの土地を一般の人々のために買い取る必要性を痛感したのである。彼はヒルに援助を求め、そして二人は弁護士のハンターに相談を持ちかけた。運動に理解を示すウェストミンスター公爵も援助の手を差し伸べ、1894年にナショナル・トラストは誕生した。そして翌年、「歴史的名勝地および自然的景勝地のためのナショナル・トラスト」として、会社法のもとに登録された。

　トラストは着実に発展した。創立の頃は、1870年代に始まっていた「農業大不況」もまだ終束していなかった。アメリカ産の安い小麦が輸入され、イギリ

スの農業は危機に立たされていたのである。そのために貧窮化した地主たちが、彼らの土地を手放しつつあった。このこともトラストに有利に働いたに違いない。

　ところで「ナショナル（国民の）」という語には、政府などは当てにできないのだから、民間人の側でみずから難局を切り開いていこうという意味が込められている。1990年末現在、トラストの会員数は200万人に達し、所有面積は50万エーカー（20万ヘクタール）を超えている。会費は年21ポンド（約5,000円）で、もちろん外国人でも会員になることができる。草創時より国民から信託（トラスト）されたものを忠実に、かつ命がけで守り続けてきたからこそ、今日の強大なナショナル・トラストがあるのである。

　私は1991年6月から10月にかけてイギリスに滞在した。この間、私はできるだけ多くのトラストのオープン・スペースを訪ねるべく努めた。そして多くの教示を得た。以下では、正しいナショナル・トラスト像を求めて、私のこのときの体験を紹介することにしよう。

2．湖水地方を訪ねて

　トラストの資産の地理的な分布についていえば、もちろん全国的に散在しているのであるが、大きく分けて湖水地方、ロンドンの近郊およびイギリス南西部に位置する海岸地帯であるデヴォンシャ、とくにコーンウォールに集中しているといえよう。

　前二者についていえば、創立者3名の影響が大きいのであり、後者については、イギリスがわが国と同じく海に囲まれていること、したがってトラストが草創の頃から海岸の保護に熱心であったことを示すものである。そして1965年には海岸買い取り運動であるネプチューン・キャンペーンが開始され、今も展開中である。

　トラストの第1の目的がオープン・スペースを守ることであることはすでに述べた。人間が大地から切り離されては生きられないことぐらいは誰でも知っていよう。私は、1991年の滞英中もできるだけ多くのオープン・スペースを訪ねることを心に決めていた。

ロンドンに着いた翌日には、サリー州にあるホームウッド・コモンを訪ねた。翌々日にはロンドンの西方、レディング大学のあるレディング市に移動。同大学での留学手続きを済ませた私は、その翌日からローンズリィが生まれ、そして10歳まで育ったテムズ川沿いのシップレイクの教区教会を訪ねたり、近在のバークシァやバッキンガムシァにあるいくつかのトラストのカントリィ・ハウスや村を訪ねたりした。カントリィ・ハウスといえば、これはトラストによると、オープン・スペースのカテゴリーには入っていない。しかし館の周囲には広大な森や湖、そして農場が広がっている。日本人の感覚からしても、これがオープン・スペースだと言われても違和感は生じまい。少なくともトラストの館であれ、オープン・スペースであれ、いったんそこに足を踏み入れると、都会の雑踏から解放された自分を見出すに違いない。
　ところがレディング大学で知り合った農業経済学者のサイモン・ハワース氏は、私に次のようなことを言った。「でもロンドンの近郊では、ナショナル・トラストの土地でも、周囲がやられているからね」と。
　私はトラストの資産を訪ねるときには、列車とバス以外は使わないことを原則にしている。バスから降りるとただ歩くだけである。トラストの資産に行きつくまでは、ただのイギリスを体験する。私の手帳には「いつも車に苦しめられる」と書かれている。そしてイギリスに滞在して2週間もたたないうちに「人間みずから自然保護を達成できるのだろうか」と弱音を吐いている。
　それはとにかく、我々はまずトラストの生誕地ともいわれる湖水地方へ行くことにしよう。
　ロンドンから湖水地方へ入っていく人々の多くは、イギリスで最大の湖であるウィンダミアを訪れるに違いない。私にはもはやウィンダミアが初めての湖ではなかった。しかしまだ西岸を歩いていなかった。ここは大部分がトラストの所有地である。それに湖畔にあるレイ・カースルをも訪ねたかった。ここは『ピーター・ラビット』で有名なビアトリクス・ポターとトラストの創立者の一人であるローンズリィが1882年に初めて会ったところである。またここから至近の教区教会は、ローンズリィが湖水地方で初めて聖職についたところである。対岸のフェリー乗り場から西岸へ移り、湖畔に沿ってアンブルサイドへ歩き始めた。いくつものナショナル・トラストの資産を示す看板が目立たないと

第1章　湖水地方、コーンウォールなどを訪ねて

ウィンダミア湖畔（1991.7）

ころに置かれている。トラストの所有地の境界線がわからないのだから、私が歩いた10キロほどの土地がすべてトラストの所有地であるかどうかわからない。ただほとんどすべてがトラストの所有地であると言っても、それほど大きな間違いを犯すわけではあるまい。

　私は湖畔を歩き、レイ・カースルを訪ね、そしてローンズリィが勤めた教区教会をも見つけた。私が歩き続けたところは、自然のままの美しさを完全に保っていた。自然のままとはいえ、それは人間の手を全然加えていないというのではない。歩道がある。自然のままの美しさを保つために、人間の普段の手入れが加えられているのである。人工の余計なものがないという意味である。自然保存地でさえ、人間の手が加えられなければ、自然保存地ではなくなるのである。ナショナル・トラストの資産は、それを教えてくれる。しかしウィンダミアの湖面は違っていた。モーターボートが絶えず騒音を立てて走り回っていた。そのたびに湖畔の静寂は破られた。歩きながら考えた。「もっと奥のほうを歩けたら」と。

ウィンダミア湖畔の自然保存地（1991.7）

　翌日、私は予定どおりアンブルサイドからビアトリクス・ポターで有名なヒル・トップへと向かった。彼女の名前はわが国では『ピーター・ラビット』、『グロースターの洋服屋』、『リスのナトキン』などの本で広く知られている。彼女はこれらの本の印税で、1905年、湖水地方のニア・ソーリー村にあるこのヒル・トップを買った。今では日本からの観光客が大勢このヒル・トップを訪れているから、あのツタの絡んだ少し古ぼけた、それほど大きくはないが、とても親しみのもてるあの建物を思い出す人は多いに違いない。しかし、ヒル・トップはあの建物だけではない。周囲の小高い丘に囲まれた農場をも含むのである。そしてその後、彼女は機会のあるたびに農場を増やしていった。
　彼女の童話作家および挿絵画家としての成功が、彼女に活動的な湖水地方の農民と羊の飼育家として、みずからの生活を築き上げる自信を与えたのであろう。そういう意味で、このヒル・トップの購入は、彼女の農業への深い関心と湖水地方の自然保護への生涯にわたる献身のための一大転機となったのである。
　彼女は1943年に77歳で亡くなったけれども、1882年には先に記したように、

第1章　湖水地方、コーンウォールなどを訪ねて

ビアトリクス・ポターが住んでいたヒル・トップ（1991.7）

ローンズリィとレイ・カースルで会っていた。彼は彼女の父と親友であったけれども、彼が彼女に与えた影響は大きかった。ローンズリィ家の一人息子のノーエルによれば、ビアトリクスは父ローンズリィの人生を本当に愛してくれた人であったと言う。

　『ピーター・ラビット』をはじめとする本が次々と出版されたのは、ローンズリィの励ましによるところが大きかったのである。彼女が農場とコテッジを購入していったのは、ナショナル・トラストを特に意中に置いていたからであった。そして彼女が死んだとき、ヒル・トップを含む4,000エーカー以上の土地がナショナル・トラストに遺贈されたのである。

　第2次世界大戦後まもなくして、1946年にナショナル・トラストはこのヒル・トップの家を一般の人々に開放し、今日に至っている。今ではビアトリクス・ポターを愛する人たちが、世界中からこの家を訪れているがそのなかには日本人、特に女性も大勢見受けられる。このことは今でも日本では彼女のファンが数多くいるということであろう。

ところで私がヒル・トップに着いたのは7月21日の昼過ぎであった。今ではトラスト直営のB&B（Bed&Breakfast、民宿）であり、かつパブでもあるタワー・バンク・アームズをすぐに見つけたし、その後ろに佇むヒル・トップのあの家もすぐにわかった。周囲にはニア・ソーリー村の農場が静かなたたずまいのうちに広がっており、今、それらはナショナル・トラストの農場になっている。ところがどうしてもレディング大学に帰らねばならなかった。はやる心を抑えて「今日はヒル・トップの家だけにしよう」と心に決めなければならなかった。建物の中は、ビアトリクスの遺言どおり当時のままに残されている。この様子についてはわが国の新聞でも他の本でも詳しく紹介されているから、説明については割愛しよう。

　ビアトリクスは晩婚だったし、子どもがいなかったから「動物が好きだったのでしょうね」などと、説明役のスーザン夫人をつかまえて話しかけたりする。そのうちに私のほうから彼女に「ナショナル」や「トラスト」などの意味について説明したり、正しいナショナル・トラスト像を求めて日本からやってきていることなどを話した。彼女はとても私の話に興味をもったようである。是非ここの管理責任者のマイク・ヘミング氏に会いなさいと言う。「時間がないから次の機会にしよう」と私は言ったが、「すぐに帰ってくるから、もう少し待ちなさい」と言う。しばらく待つとマイク・ヘミング氏が現われた。私のナショナル・トラスト理解に彼は同意してくれた。彼の言っていることにも私は十分に同意できた。再会を約束してヒル・トップをあとにウィンダミアのフェリー乗り場へと向かった。

3．再び湖水地方を訪ねて

　それにつけてもイギリスはとても土のにおいのするところである。しかし、イギリスは未開地でも発展途上国でもない。産業革命を最初に実現した国であり、7つの海を制覇した国である。いわば工業文明を体現した後に現在のイギリスがあるのである。反面教師であることも含め、我々はイギリスから学ぶべきものをたくさんもっているのである。

　ヒル・トップへの訪問の機会は1か月後にやってきた。私は8月31日夕方、

第1章　湖水地方、コーンウォールなどを訪ねて

マイク・ヘミング氏がニア・ソーリー村に予約してくれていたホテルに着いた。翌朝日曜日、約束の午前10時。私はホテルの玄関の前に立った。マイクはすぐに来てくれた。このところずっと晴天続きでむしろ暑い。イギリスではこれは異常気象というべきか。

　我々は早速歩き始めた。私は、これから一日中、彼について歩いて行けるだろうかと一瞬不安がよぎった。ヒル・トップの家を左に、我々は北東へ向けて小さな道へ入った。しばらく登っていくと小さな湖に着く。少し入って湖に沿って歩いてみる。ビアトリクスも夫のウィリィもここで釣りを楽しんだに違いない。もと来た道に戻ってまた歩き始める。それほど急なわけではない。歩道を歩くのにさほど困難を感じない。やはりボランティアのおかげだ。さりげないところにも人が歩きやすいように人の手が加えられている。小さな湖を左に眺めながら進んでいく。さらに進むと、ついにウィンダミアが眼下に広がった。素晴らしい自然のままの眺めだ。余計な人工物などどこにもない。「暑いので、もやがかかっている（misty）」と説明してくれる。それでも日本の夏ほどではない。はるか向こうには湖水地方の山並みがかすかに見える。幽玄でさえある。マイクが「あの山並みはすべてナショナル・トラストのものだと言ってよい」などと言うが、私には大げさには聞こえない。トラストは湖水地方国立公園の実に4分の1以上を所有し、保護しているのである。方角によっては、まさにそのとおりなのである。私も大学で、学生にトラストのスライドを見せながら同じようなことを言うことがある。

　それほど急坂ではなく、思ったほどハードな歩行ではなかった。マイクが私の歩みに合わせてくれたのだろうか。一時の私の不安は消えていた。私はすっかり湖水地方を楽しんでいた。野生のシカも見た。青少年のためのエイコーン・キャンプの基地にも出会った。時々マイクが地図で確かめながら進んでいく。いろいろなことを話しながら歩いていく。我々に話題に事欠くようなものは何もなかった。

　ホークスヘッドに近づいたのだろうか。農場が広がり、ときどき農家が見える。トラストの借地農の家か、それともその借地農の労働者の家であろう。牧草地（meadow）と放牧場（pasture）の違いは何かなど、とりとめのないことを話しながら歩き進む。ビアトリクス・ポター・ギャラリィや湖畔詩人のワーズ

湖水地方の大地（トラスト地）をマイク・ヘミング氏と歩く（1991.7）

　ワースが幼い頃学んだグラマー・スクールもあるホークスヘッドに着いたのは午後2時頃であったろうか。ここでしばらく小休止して昼食を済ます。
　それから我々はエスウェイト・ウォーターを左に見ながら、今度はヒル・トップのほうへの帰路を取り始める。満々と水をたたえたエスウェイト・ウォーターを背に羊たちがのんびり草を食んでいるさまは、私が幾度か訪れた湖水地方の風景のうちでも忘れえぬ風景の一つとなっている。しばらくすると右手にユース・ホステルが見えてきた。車がときどき通り過ぎるけれども、それほど苦にはならない。しかしこれまで歩いてきた自然のままの美しさと静けさに満ちた、そして心底から人間の疲れた心を癒してくれるあの美しさとは違う。しかしそれでも我々は歩くことに飽くことを知らなかった。4時過ぎにヒル・トップに帰り着いた。

4．美しい自然の守り手

　私はこの１日の行程の中から多くのことを学んだ。私はマイクと多くのことを語った。そしてお互いの意見に食い違いはなかったと思っている。先に簡単に記した「ナショナル」の意味については、前々回の滞英中にナショナル・トラストの人々から聞き、歩きながら教えてもらったのだから間違いようがない。トラストについては、美しい自然の所有者（依託者）によって、トラストへ信託されるということが基本である。依託者の自然を守ってほしいということと、それを一般の人々のために公開したいという意志に沿うためにナショナル・トラストは最善の努力をし、かつ依託者への義務を忠実に守ってきたのである。このような信頼関係が定着しているということに、我々はきわめてイギリス的なものを感ぜざるをえないのだが、とにかくトラストが、このような信頼関係をイギリスにおいて確立していることに注目しなければならないのである。

　それからオープン・スペースであれ、歴史的建造物であれ、ナショナル・トラストの資産を訪ねると、必ずトラストの標識を眼にする。ほとんどの標識にはナショナル・トラストが「政府から独立した」私的団体であることが謳われている。この独立した（independent）という言葉はnationalに通じた意味をもつ。政府であれ、地方自治体であれ、自然保護に関して言えば、我々はいつも裏切られてきたといってもよい。しかし政府でも地方自治体でも、自然を保護するためにつくられたわけではない。自然を破壊するかもしれないし、そうでないかもしれない。少なくとも自然を守るという点に関しては、政府であれ自治体であれ、当てにできないと考えなければならない。したがって自然保護団体が純粋な民間団体で、かつ独立した団体でなければならない理由がここにあるのである。もっとも政府や自治体からの協力を拒否するのではない。否、協力を得なければ自然保護の実現は不可能であろう。しかしそのときでも、つねに独立していなければならないし、かつ誰からも左右されるような団体であってはならないのである。

　オープン・スペースについては、ヒル・トップを起点に歩き始めた湖水地方の、それも湖水地方におけるナショナル・トラストの所有地のほんの一部を思

い浮かべるだけでも、おおよそのところは想像できよう。しかしオープン・スペースのすべてを説明するとなれば、これはなかなか難しい。広大な自然のままの大地とはいっても、人の手がまったく加えられていないというわけではない。余計な人工物を含まないという意味で、広大な自然のままの大地と言ったら当たっていよう。ここまでくれば我々は、今では日本人の感覚から消えてしまったような感がしないでもない、あの「入会地」に思い当たる。事実、イギリスのナショナル・トラスト運動は入会地の保護運動にその端を発するのであるけれども、このことを語るには紙面が少なすぎる。

　それはとにかく、我々が歩いたあの湖水地方は「入会地」に相当するオープン・スペースだけではなかった。牧草地や放牧場をはじめ農業用地も数多くあった。もちろん農業が必ずしも自然保護と両立するわけではない。例えば資本主義的な大規模農業が自然保護と撞着するものであることは、こんにち多くの人々によって憂慮されているところである。しかしナショナル・トラストの農業用地が自然保護と撞着せず、むしろ自然保護を実現していることは、もはや説明を要すまい。

5．コーンウォールを訪ねて

　もちろんオープン・スペースといえば、湖水地方のような内陸部だけにあるわけではない。イギリスはわが国と同じく、周囲を海に囲まれた国である。海岸地帯も同じく広大なオープン・スペースを有している。海岸地帯と言えば、わが国でもナショナル・トラストの海岸買い取り運動である「エンタプライズ・ネプチューン・キャンペーン」を知っている人は多いに違いない。ネプチューン・キャンペーンは1965年に開始されたが、実はトラストは草創のときから海岸地帯が不必要な開発によって破壊されることを憂慮していた。したがって1965年以前にも海岸地帯を購入したり、譲渡されたし、遺贈されたりしながら保有し保護し続けてきた。

　ところが1960年代以降、高度経済成長が始まり、レジャー・ブームも再来した。海岸への開発の圧力が強まったのである。1963年のトラストの調査によれば、イングランド、ウェールズ、北アイルランドの全国3,000マイルのうち、約

第1章　湖水地方、コーンウォールなどを訪ねて

ニューキィの西方にあるトラストの海岸地（1991.7）

　3分の1の900マイルが開発の恐れのある自然海岸であることがわかった。この時点での海岸保有マイル数は125マイルであった。
　キャンペーンは1965年、900マイルの獲得へ向けて開始された。1マイルは約1.6キロである。遥かなる道のりであったが、このキャンペーンへの反応は素早かった。ジャーナリズムの後押しも有り難かった。政府からも25万ポンドが提供された。個人からの寄付金も続々と集まった。キャンペーンによる最初の購入地点はウェールズ南部の海岸線であったが、やはりコーンウォールにおいて、この運動は有利に展開されたようだ。
　1991年7月に私が訪ねたリゾート都市ニューキィの西方にある600エーカーにわたる広大な海岸地は、その典型的なものの一つである。ここはキャンペーンの前年から購入され続けていたものが、その運動の展開後、残りの11エーカーが購入されて、全域の購入が完成したものである。
　またコーンウォール南部のポルーアンとポルペロ間の海岸地帯も私は訪ねてみた。全域を踏破できなかったが、相当にハードな歩行であった。ここは1936

年から数回にわたり購入が続けられ、ついに1975年に総計1,129エーカーが獲得された。何回もうねるように起伏する海岸地を歩いていったが、1日で最終地点まで行きつけるはずはなかった。次の機会を待つことにした。

キャンペーン展開後20年目の1985年、私が初めてナショナル・トラストの理事長アンガス・スターリング氏に会った年であるが、この年、トラストは目標マイル数の半分の450マイル（720km）を獲得し、ネプチューン基金は700万ポンド（17億5,000万円）になっていた。1988年には獲得マイル数が500マイルに達したというし、1990年にはエンタプライズ・ネプチューン・キャンペーンの25周年記念行事を挙行したという。

6．イギリス人は海への郷愁が強い

なぜナショナル・トラストはこのような大成功をおさめたのだろうか。1985年、私がロンドンのトラスト本部でその理由を尋ねたとき、「イギリス人は海への郷愁が強いから」という答えもあった。海育ちの私にはこの答えはとても説得的であった。しかしこれだけならば、わが国のナショナル・トラスト運動だってもっと成功してよいはずではないか。他にも理由があるはずである。

ナショナル・トラストはネプチューン・キャンペーンを展開するにあたり、4つの目標を掲げた。そのうちの2つをあげると次のとおりである。
①海が開発によって破壊される危険があることを国民に呼びかけること。
②保有している海岸の質を高めること。
①については、ナショナル・トラストが政府や地方自治体から独立していなければ到底なしうるものではない。すなわちナショナル・トラストがナショナル・トラストであるゆえんである。
②については、このとき私が訪れたいずれの海岸地でも、自然のままで素晴らしく、静寂を思いきり享受できた。そればかりではない。目の前はどこまでも続く青い海原で、背後は広大な麦畑の稲穂がいつまでも揺れていた。放牧場や牧草地では、羊や牛たちがゆったりと草を食んでいた。他の16kmにわたるデヴォンシァの海岸地では、丘の中腹あたりから何百頭もの羊たちがあちらこちらから幾状にも連なりながら一点をめがけて降りてゆくさまを見おろすことが

第1章　湖水地方、コーンウォールなどを訪ねて

できた。

　トラストが所有する海岸の質を高めるために努力していることがわかろうというものだ。ナショナル・トラストがナショナル・トラストであるゆえんである。トラストが地主たちから尊敬を受け、そして信頼を勝ちえているからこそ、エンタプライズ・ネプチューン・キャンペーンもこれまで有利なうちに展開されてきたし、これからも成功のうちに展開されるであろう。ナショナル・トラストがナショナル・トラストであるかぎり、このキャンペーンは近い将来、必ず完成することであろう。ただしこの運動が無事貫徹されたからといって、ナショナル・トラストの仕事が終わるわけでは決してない。政府とナショナル・トラストとの間には「相克はありうる」し、また「いつも政府の言動には心配している」とは1985年のトラスト本部での話であった。

　それからこれも当然のことであるが、人類がこの地球に生きてゆくためには、いかなる社会体制になろうとも、自然保護問題はいつも緊張を強いられる問題である。ナショナル・トラストはナショナル・トラストであるべく努力を続けなければならないし、またその仕事が終わることは決してないのである。

　以上、イギリスのナショナル・トラストについて素描を試みてきた。確かにトラストは順調な発展を遂げてきた。しかしすべてが順風満帆にいったわけではない。たとえばエンタプライズ・ネプチューン・キャンペーンについては、その調査は1963年に行なわれたけれども、キャンペーンが開始されたのは1965年である。その間意見の対立や衝突があったのである。必ずしも順調に成長を遂げていったわけではない。ここでは私が1991年の滞英中に得た貴重な体験を紹介しておこう。

7．ポレスデン・レイシィを訪ねて

　私は9月5日、ポレスデン・レイシィのニック・サンドフォード氏に会うために、ロンドンの西南部サリー州にあるポレスデン・レイシィに向かった。到着したのは午前10時頃であった。1942年にナショナル・トラストによって獲得されたこの大邸宅は、エリザベス女王の母親であるエリザベス皇太后が1923年にハネムーンを過ごしたところでもある。邸内には素晴らしい金・銀類の宝物

森林地や農場も有する広大なポレスデン・レイシィ（1991.7）

や磁器、家具類、絵画などが備えられており、眼を見はらされる。邸宅の周りは森林地や広大な芝生地、そして美しい庭園で囲まれている。敷地はほとんど1,000エーカーにも及び、2つの農場を持っているのだから、その広さに驚かされる。ここはトラストではオープン・スペースのカテゴリーに入っていない。しかし2つの農場を持っていることに注目したい。すなわちトラストの土地を生業にしている人々がいるということである。それにこれまで述べてきた湖水地方や海岸地を思い起こしていただきたい。その他にトラストはいくつかの村をそっくり所有してもいる。そこには森林地があり、放牧場があり、牧草地そして耕作地がある。海岸地の前面は、遥かなる海原である。そこは漁業の場でもあるのである。どれほどの人々がそこで生業を営んでいるのであろうか。

　ナショナル・トラストはまたイギリスで一大観光業（tourism）を起こしているのだともいわれる。もっともこの観光事業がわが国のそれとは質を異にしていることは、もはや何も言う必要はない。将来わが国でも、いわゆるトラストの観光事業の真価が問われるようになることを期待したい。

第1章　湖水地方、コーンウォールなどを訪ねて

ロンドン近郊のボックス・ヒル（1991.7）

　わが国のこれまでの工業の発展は目覚ましかった。これからもそうであり続けるであろうか。わが国が経済大国と言われてから久しい。都市化現象もすさまじい。工業化が進めば農業が減退するのは当然なこととして考えられてきたようだが、それでもこの現象を深刻に受け止めてこなかった。この方面のわが国の研究の蓄積が浅いことが悔やまれるところである。

　話をもとに戻そう。できるだけ多くのオープン・スペースを訪ねたいと伝えておいたために車を用意してくれていた。連れていってくれたトラストの資産のうち、ボックス・ヒルなどは前回の滞英中に来たところだからとても懐かしい。ボックス・ヒルはロンドンから近いこともあり、来訪者が非常に多い。「これらの人たちがトラストを救ってくれるのか」と聞いたが、「必ずしもそうではない」という答えであった。入場者が多すぎるために芝生などが傷んで、アクセスを禁じているところにも連れていってくれた。

　むろんオープン・スペースへのアクセスは無料である。それ故そこを自然のままに維持するためには相当の費用がかかる。トラストが「一般の人々に依拠

している慈善団体（charity）である」ことを標榜しているゆえんである。駐車場も無料であることが多い。駐車場にある木の根は車が乗りあげるので傷んでいた。そのために木の周りに柵が施されていた。ボックス・ヒルの場合、駐車場だけ会員以外50ペンスであったが、料金箱には誰もいないのだから、コインを入れなければそれまでである。それからトラストが車を優遇しすぎているのではないかと思わせる場面に幾度か出会った。そのことを思い切って告げると、駐車場を廃止したところを見せてくれた。車とは動く凶器だけでなく、動いていないときにもトラブルを引き起こすものらしい。

次に連れていってくれたのがポレスデン・レイシィの農場であった。なんといかにもみすぼらしい農場ではないか。予告なしにここへ連れてきてくれたのだから自分の眼を疑った。2名いるトラストの借地農のうち、ここの借地農がどうも他の金もうけにうつつを抜かしているらしい。トラストとの借地契約を完全に踏みにじっているとしか言いようがない。「他の借地農を見つけねば」と苦渋の色を見せている。「トラストも本当に苦労しているなぁ」と思わずにはいられなかった。

このことに関する限り、ナショナル・トラストはトラストであることに失敗した。しかしナショナル・トラストはこのことを内外に隠さなかった。率先してこのことを内外に示すと同時に、この困難を乗り越えることを目指しているのである。3年後に再びここを訪ねてみよう。そのときは、ケンブリッジ近くのウィンポール・ホーム農場で「隣の農場と比べてごらんなさい」と言われたように、ここもきっと新鮮な緑に包まれているに違いない。

わが国のナショナル・トラスト運動も国民が注視しているわりには、順調に発展しているとはいいがたいようである。誤りを犯すことを恐れてはならないし、またその誤りを隠ぺいすることも許されない。その誤りを土台に、そしてそれを正しながら前進することが肝要であろう。

（初出『紀伊民報』、1992年5月9日から7回連載）

第 2 章
ナショナル・トラストの成長をめぐって

はじめに

　ナショナル・トラストは草創時より、トラストが国民から信託された資産を忠実に、かつ命がけで守り続け、その質を高めるために努力してきたからこそ、この強大なナショナル・トラストがあるのである。
　トラストが自然環境保護活動の主体である限り、その活動は多方面にわたる。しかしトラストの自然保護活動の主な対象地がカントリィサイドである限り、ここが農業部門の対象地であり、かつグリーン・ツーリズム、ひいては癒しの対象地であることはいうまでもない。このように考えると、トラストの自然保護活動が、実は経済活動であり、かつ地域経済の活性化につながるのだと言うことができる。そうだとすれば、それこそは国民経済の望ましいモデルを提供するのだと言うこともできよう。実はトラストは次のように言っている。「動植物、農業、森林、歴史、建物、そして一般の人々のレクリエーションなどに注意を凝らしながら、それら全体の均衡を保つことに重点を置いている」。これこそは物質的な富を追い求めるのではなくて、社会の福祉安寧を求めるのだという意味で、持続可能な (sustainable) 地域社会の発展を目指すものである。

　このトラストには、1931年以降スコットランドは含まれない。というのは1931年、スコットランドで初めての資産が獲得されたとき、スコットランドは「スコットランド・ナショナル・トラスト」として独立したからである。したがってナショナル・トラストは現在、イングランド、ウェールズおよび北アイルランドからなる。それ故以下、本文でナショナル・トラストを指すときには、ス

コットランドは含まれない。

　ただナショナル・トラストをイギリスとの関連で考えるとき、スコットランド・ナショナル・トラストを含めて考察するほうが、より効果的でかつ妥当であると考える。そこで少なくともスコットランド・トラストの規模と実力を知る必要がある。幸いに2004年9月6日、私はエディンバラにあるスコットランド・トラストの本部で企画担当責任者のジョン・メイヒュー氏と会うことができた。この日の会見を含め、次のことが明らかになった。簡略に紹介しておこう。1931年、スコットランドにおいてスコットランド・ナショナル・トラストが、ナショナル・トラストから独立したことは先に述べた。1935年には、このスコットランド・ナショナル・トラストが法律（the National Trust for Scotland Order Confirmation Act 1935）によって、正式に法人団体として組織されることになった。ここにナショナル・トラストは、イングランド、ウェールズ、北アイルランドからなり、スコットランドにおいては、スコットランド・ナショナル・トラストが独立した法人団体として組織され、運営されることになった。ただここで注意すべきことは、1935年法は1907年のナショナル・トラスト法に準じるものであり、その後の法律もイギリスの法律に準拠しているということである。したがってこれらの2つのトラストは、最初からきわめて密接な関係を有しているのである。

　スコットランド・ナショナル・トラストは創立後、急速にその支持を広げ、第2次世界大戦前には、すでに28の資産を獲得していた。2003年に至ると、会員数は25万6,000人、資産数は127、その面積はほぼ19万エーカー（7万6,000ha.）に達した。イギリスの人口約6,000万人と、その面積約6,000万エーカー（約2,400万ha.）に対して、スコットランドの人口は約510万人、その面積は約2,000万エーカー（約800万ha.）である。スコットランドの人口と面積に対するスコットランド・トラストのもつ割合は、それぞれほぼ5％と1％である。これに対してナショナル・トラストのもつ人口と面積に有する比率は、それぞれ6％と1.5％である。このように考えると、スコットランド・トラストの業績は、ナショナル・トラストの業績に比して決して劣るものではない。ただスコットランドとイングランドとは地勢学的および社会経済史的に特異性があり、一概には扱いえない。それと同時に、ナショナル・トラスト運動自体の理念や方針の性格に

第2章　ナショナル・トラストの成長をめぐって

は、本来異なるところはない。したがってイギリスにおけるナショナル・トラストの運動を考えるとき、ナショナル・トラスト運動ばかりでなく、スコットランド・ナショナル・トラスト運動をもあわせ考えるほうが、より有効かつ正確に将来の『ナショナル・トラスト運動』を展望できるに違いない。

それに今やナショナル・トラスト運動が国際的役割を担いつつあることにも注目したい。2003年9月15日から19日まで、スコットランドの首都エディンバラで第10回ナショナル・トラスト国際会議（the 10th International Conference of National Trusts）が開催された。このときの国際会議には私自身、この年の10月10日から12日までナショナル・トラストのウェールズ地方事務所によって挙行された「スノードニア・ウィークエンド（Snowdonia Weekend）」に参加するために欠席せざるをえなかった。幸いに入手できた第10回国際会議の宣言書には、次のことが書かれている。その要旨を紹介しておこう。

(1)すべての人種を含めて、個人と個人とが、そして社会と社会とがより密接な協力と統合とを一層推進すること、(2)自然環境教育と人間教育の機会を推進し、かつ持続可能な地域社会と国民経済の発展を保証すること、(3)貴重な世襲財産が損なわれつつある主要な原因は、知的不足、怠惰、あるいはこのような問題の重大性を真に理解しないで、人々がこの問題に真剣に立ち向かおうとしないこと、(4)したがって文化的および自然的遺産に対する危機が増大しつつある今日、我々は国際的な協力の実現に向けて立ち向かうべきである。

地球の持つ資源は有限である。したがって地球環境の危機が叫ばれているのである。ここにスコットランド・トラストとナショナル・トラストがその運動を世界に向けつつあることに注目したい。

もう一つだけ紹介したい。2003年8月6日、私は北サマセットにあるトラストのハニコト・エステートの事務所を訪ねた。再会したCountryside Managerのナイジェル・ヘスター氏が開口一番、私に差し出したのはSOWAP (Soil and Surface Water Protection Using Conservation Tillage in Northern and Central Europe) なるパンフレットだった。これこそはEU諸国において政府主導で持続可能な農業を実現しようというきわめて画期的な実験である。しかもこのプ

ロジェクトに、ナショナル・トラストが理想的なパートナーとして加わっている。このトラストの農場こそ、ハニコト・エステートの農場であって、この農場はSOWAPからの後援を受けて、近い将来、持続可能な農業のモデルを提供できるはずだ。

　ナショナル・トラスト運動がイギリスで国民的なうねりを生じつつあることは、私の著書『ナショナル・トラストの軌跡　1895〜1945年』（緑風出版、2003年）でも、他の論稿でも明らかにしたところだ。ナショナル・トラストの会員はすでに330万人を超えている。それにボランティアの数も増加しつつある。そればかりではない。トラストと地方自治体や政府・行政機関とのパートナーシップによる協力体制も進みつつあり、またEU諸国との協力体制も進行している。パートナーシップの持つ意味については、他の論稿でも論じているのだが、ここでもごく簡単に記しておこう。

　まずここで注意すべきことは、パートナーシップの言葉には如何なる意味においてもリーダーシップという意味は含まれないということである。相互に協力し合い、そしてその努力が実るためには、お互いが対等で独立し、かつ相互に責任を負わねばならない。このことが相互の間に理解され、実現してこそ、パートナーシップによる努力は結実するに違いない。地球の危機が叫ばれて久しい。しかもその危機は着実に進行していると言わざるをえない。もはやイギリスにおけるパートナーシップによる官民の協力だけでは不十分であろう。わが国でも、官民の間に「パートナーシップ」のもつ意味が一刻も早く理解され、それが実行に移されることを期待したい。

　このような気持ちを抱いて、私たち夫婦は2005年8月1日、渡英した。そればかりではなかった。私には、私の故郷、鹿児島県の志布志湾における、いわゆる「新大隅開発計画」反対運動に10年以上にわたって参加した経緯がある。この開発計画は、住民による強力な反対運動とその後の経済情勢の変動もあって、志布志町の志布志港改修工事（1980〜1985年）と柏原海岸の人口島方式による石油備蓄基地建設（1985年着工、1993年完成）だけとなった。それに鹿児島県知事は1990年3月、県議会で「新大隅」にかかる開発計画は1990年をもってすべて終結したことを正式に表明した。

第2章 ナショナル・トラストの成長をめぐって

開発後の志布志湾（2005.3）

浸食された志布志湾（2007.8）

国家石油備蓄基地については、予定どおり1993年に完成した。「現在、あの見渡すかぎり青い海原だった志布志湾に大きな人工島が姿を現わしたのである。その結果、砂浜に異変が起きている。一部分がせり出し、一部分は浸食されている。浸食された部分は、防風林の松林に迫りそうな勢いである。しかしこれは備蓄基地建設のためだけでなく、志布志湾改修工事による影響も加わってのことである。したがって白砂青松で知られる志布志湾の美しい海岸線は、今ではノコギリ刃のようにずたずたに切り裂かれている」。この文章は、私が1994年に書いたものである。それに「このままいけば16キロメートルにわたる砂浜は、まもなく消滅してしまうのではないか」とも書いている。この予想は当たった。志布志湾の砂浜は毎年浸食され、悪化しつつある。事実、2005年に襲った14号台風によって、志布志湾の浸食状況はさらに悪化したという確かな情報も得ている。開発行為によって故郷を失った人々は多いはずだ。私もそれに近い気持ちを抱いて渡英した。

1．ナショナル・トラスト本部にて

　2005年8月1日、ヒースロー空港に降り立った私たち夫婦は、ロンドンのいつものホテルに落ち着いた。ここは、全世界を震撼させたあのテロリズムのあったロンドンのタヴィストック・スクウェアと地下鉄のラッセル・スクウェア駅にほど近い。翌2日には、ナショナル・トラストのロンドン事務所にExecutive-Assistant to the Director-Generalのジェレミィ・ブラックバーン氏を訪ねた。前記自著に続く次作の準備を兼ねて、2005年7月に本格的に活動を開始したスウィンドンのナショナル・トラスト本部の様子を知るためであった。
　氏からは目を通すべき資料も手渡された。3日にはトラスト本部を訪ねた。理事長のフィオナ・レイノルズ女史には8月中ホリデーのために会えないが、Director of Conservationのピーター・ニクスン氏と、Agricultural-Adviserのロブ・マクリン氏には是非会いたい。ほとんど予約なしに近い訪問だったが、運良く両氏に会えたことは幸いだった。ただし突然の訪問だ。それに両氏とも多忙の身である。今回は会見時間が短い。まずピーター・ニクスン氏と再会できた。ここでは氏が開口一番発した、私には強烈な記憶として残るであろう発

第2章　ナショナル・トラストの成長をめぐって

ロンドンからスウィンドンに移転したナショナル・トラスト本部（2005.8）

言を紹介する。知られるように、トラストは国民のために歴史的名勝地および自然的景勝地を永久に守り、かつその質を高めるためにある。したがってトラストがその持てる資産の価値を低めたり、台無しにするはずはない。私が、そして会員たちがそのことを信じているからこそ、トラストが今日、これほどまでに強大化しているのである。大地に国境はないと私は考えている。だからこそ、私はトラストの会員であり、かつ協力もし、そして日本人としてナショナル・トラスト研究を続けている。このことは真実である。氏はこのことを言ったのではない。

　私たちもすでに知っているように、人間の営為による地球温暖化や気候変動と関連した海面上昇によって、トラストの海岸線が徐々に浸食されつつあることを、氏は私に告げた。氏が発した海岸の名称のうちいくつかを私は歩いている。すでに述べた志布志湾の惨状を思いながら、これまでトラストの海岸を相当距離歩いてきたと思うが、未だにトラストの海岸線が浸食されつつあるとは思っていなかった。これは私の怠慢によるものだろうか。それとも知的不足に

よるものだろうか。このことについては、地球温暖化や気候変動による海面の上昇について、私が出したトラストへの質問状に対する返書が答えてくれそうだ。私自身、ピーター・ニクスン氏がかかる人間営為による自然破壊が、最早取り返しのつかないものであることを繰り返し述べているのを聞きながら、同氏に同意せざるをえなかった。しかし同氏は、かかる人間の営為が人間社会の崩壊へと直接つながるのだとは決して言わなかった。私は渡英前、すでに志布志湾の蘇生という観点から、イギリス北東部のダラムの海岸を歩いてみようと計画していた。というのはこの海岸は地元の採炭場から出る石炭のかすのゴミ捨て場となっていた。ここを地元の人々と協力しながら、今は綺麗な海岸になっている。ピーター・ニクスン氏の言葉は、私をここばかりでなく、かつて私が歩いた海岸線をもう一度歩いてみようという動機を与えた。氏との会見の時間はすでに過ぎていた。氏がロブ・マクリン氏を呼んでくれた。

ロブ・マクリン氏とは2001年3月、あの口蹄疫（foot and mouth disease）がしょうけつを極めていたときにも会っている。氏との今回の対談で得られた情報のうち、次の2つを記すことにしよう。

1つは、トラストの2,000名余にのぼる借地農のうち、すべてではないが多くの借地農が持続可能な農業へ移行しつつあるという。数年前になるが、他のトラストの事務所では、「トラストの借地農（＝農業経営者）は前向きで、消費者の立場に立たなければ」と言われ、「彼らはそうなりつつある」とも付け加えられた。

2つ目は、資本主義経済下、工業化と都市化は進む。それにイギリスはわが国と同じく、外国貿易が突出している。したがって発展途上国からの農産物輸入は増加こそすれ、低下することはない。その結果、農業部門ひいては地域経済が停滞することは避けられない。農村人口が都市へ移動しつつあることはイギリスでも日本でも同じである。幸いにナショナル・トラストの農場で借地農を見出すのは比較的容易である。むしろトラストの借地農志願者を選択できるとはロブ・マクリン氏の話であった。それでは農業労働者についてはどうか。私が接触しているハニコト・エステートで'organic farm'を営んでいるヒンドン農場でも、コッツウォルズのシャーボン村で同じくorganic farmを営んでいる シャーボン農場でも、農業労働者をそれぞれ3名雇用している。それでは遠隔地の農場ではどうだろうか。幸いに農業労働者の雇用不足に苦しむこ

とはないという。それからトラストの農業といえども、農業だけではやっていけないことは、上記の事情を考えると十分に理解できよう。トラストは借地農に対して各種の財政的援助を行なっているし、また彼らにできうる限りのビジネスや仕事を行なうようアドバイスしている。その他に政府（EUを含めて）の農業環境政策からの補助金もある。事実、ナショナル・トラストの活動による経済効果を考えると、明らかにトラストが地域経済に貢献していることがわかる。(8)このような重要な話をしているうちに、女性職員が現われて、タイムリミットが来たことを告げた。ロブ・マクリン氏には次の会議が待っていたのである。部屋を出る前に、これから本部から遠くないところに所在するバスコットとコールズヒルを訪ねるのだと告げると、まずは'Coleshill Organics'を訪ねるようにと勧めてくれた。帰り際には2004年までAssistant of the Director-Generalを務めていたスコット・カーペンター氏にも会うことができた。彼にはトラスト研究の資料探しに一役買ってもらったことがある。翌4日から2日間、the Buscot & Coleshill Estatesを訪ねよう。

2．バスコットとコールズヒルへ

　4日の朝、私たち夫婦は'Coleshill Organics'に向かった。ここは初めての土地であり、そのうえロブ・マクリン氏との会話で、ここについて話をする時間はほとんどなかったので'Coleshill Organics'の予備知識はほとんどない。塀に囲まれたColeshill gardensに入ってみた。果樹園、トマトやその他の菜園、そしてChicken Heavenもある。菜園では若い男女2人が働き、売店では数名の女性が働いていた。手渡されたパンフレットによると、'Coleshill Organics'は1995年に2エーカー（1エーカーは約0.4ヘクタール）から始まり、現在16エーカーになり、70種類の野菜類を栽培している。これらの有機作物は定期的にソイル・アソシエーションの有機農業規準の検査を受けており、もちろんこれらは遺伝子組み換え作物とは関係ない。生産されたものは、売店でも販売されており、またボックスに詰めて、地元の家庭にも配達されている。ナショナル・トラストの農場が有機栽培へと移りつつあることを思わせる光景であった。なおここで働いている人々が皆生き生きとしていることも、とても印

有機農業を行なっているコールズヒル・オーガニクス(2005.8)

平飼いの鶏(2005.8)

第2章　ナショナル・トラストの成長をめぐって

コールズヒル村のグレート・コックスウェル・タイズ・バーン（2005.8）

象的であった。この有機農場に十分な時間を費やせないままに、私たちはthe Buscot and Coleshill Estates OfficeのAdministraterであるヴィルマ・ナイト夫人を訪ねた。そのあと中世時代に10分の1税である穀物を納めていたGreat Coxwell Tithe Barnを訪ねるために、この事務所を後にした。

　しばらくしてB4019号線に入った。そこで私はいつものとおり、言われた道筋を再度確かめるために、家の前庭で手入れをしていた初老の紳士に聞きただした。間違ってはいなかったが、見るとおり車の往来が激しい。「危ないから車で連れて行く」と言ってくれる。私たちは彼の言葉に甘えることにした。聞くと彼はトラストを数年前にリタイアしたとのこと。それに奥さんが大変な日本びいきであった。イギリスに到着してすぐに、私たちは大変な幸運にめぐり合えたのだ。コールズヒル村にあるGreat Coxwell Tithe Barnを見学し、近隣の住宅地とのアメニティが保たれていることも確認した。それからしばらくしてこの村の北のほうに隣接しているバスコット村へ入り、パブのあるところで降ろしてくれた。多謝！歴史的建築物とも言うべきこのパブで十分な休息を

取ってから、私たちはネヴィル・ウィッタカー氏の言うとおり、パブのすぐそばにある公共の歩道を取りながら、前方に見える教会の尖塔をめがけて歩いていった。行き着いたところはレッチレイド村の中心地であった。しばらくするとスウィンドン行きのバスが来た。無事私たちのホテルのあるハイワース村で下車した。実りの多い一日であった。

　実はこの日、私たちは彼の車で翌日もコールズヒル村とバスコット村に連れて行ってもらう約束を得ていた。翌日の午前中はハイワース村でゆっくりと休息し、正午過ぎにホテルの前でウィッタカー氏の車を待った。約束の時間に来た車で、まずコールズヒル村の中心部にある同氏宅に寄り、奥さんと初めて会い、しばらく日本の話などをして会話を楽しむ。それからコールズヒル村を北上してバスコット村へ。

　ここでバスコット村とコールズヒル村の位置を示しておこう。これらの村は南北に隣り合っており、オックスフォードの南西部に位置し、コッツウォルズの東南部に位置しているきわめて風光明媚な村落地である。その面積3,866エーカーのバスコット村には、中心部に1780年に建てられたバスコット・ハウスと、付属の庭園と広大なパーク（私園）が控えており、周囲は村落地、農場、そして森林地に囲まれ、北側にはテムズ川が流れている。典型的なカントリィ・ハウスと言うべきこの館と周囲の私園は、1949年にE. E. クック氏（パック旅行の創始者として有名なトマス・クックの弟で共同経営者）によってトラストへ贈与され、残りの土地は1956年に遺贈された。コールズヒル村について言えば、ここはバスコット村の南に位置し、その面積は3,620エーカーである。もちろんこの村もバスコット村に劣らず風光明媚な地であり、歴史的名勝地も点在している。この村にも1662年に完成したコールズヒル・ハウスがあり、村を一望していたのだが、残念ながら1952年に焼失してしまった。その後コールズヒル村は、1956年には、バスコット村と同じくE. E. クック氏によってトラストへ遺贈された。この館の火災についてはひとまず置いて、ナショナル・トラストの発行している説明書 'The Buscot and Coleshill Estates' を見てみよう。この2つの村は、トラストによって保護・管理され、運営されている。したがってこれらの村は、トラストがそこの自然環境を守っているだけでなく、そこの地域社会の人々、借地農、そして地元の学校とも密接な関係を保ちながらつ

第 2 章　ナショナル・トラストの成長をめぐって

くり上げている優れたオープン・カントリィサイドの典型的な一例である。バスコット村とコールズヒル村には、歩道や特別のイベントがあり、誰でも楽しめるものが一杯ある。

　さてウィッタカー氏の運転する車はコールズヒル・ハウスがあったところで止まった。私自身、コールズヒル・ハウスがあったことも、ましてや1952年に焼失してしまったことも知らなかった。氏の焼け跡の説明は正確だった。氏が15歳の時だったという。火災についての当時の新聞の切り抜きも持っており、私にその一部を手渡してくれた。彼の故郷での強烈な記憶の一コマであったに違いない。歴史的建造物とはいえ、焼失してしまっては復元のしようもあるまい。今は庭園となっており、野外パーティや休息の場となっている。

　私自身、カントリィ・ハウスと大地との関係について、基本的には一体であると説いている(9)。しかしウィッタカー氏が私に与えてくれた体験が、私にカントリィ・ハウスと大地との関係をもう一度考え直してみようという動機を与えてくれたようだ。

　しばらくして私たちは、バスコット村へと北上した。まず着いたのはテムズ川に沿った運河の堰であった。しばらくこの堰で船が通過するのを見学した。私にとっては初めての経験で、貴重な体験だった。それからバスコット・ハウスへ。この館は典型的なカントリィ・ハウスと言ってよいだろう。ウィッタカー氏は、現役中、この館でプラスター（漆喰）の修理など大切な仕事を何度も行なってきた。私たち夫婦だけで邸内を見学することにした。見学を終えて館を出ると、氏が広々とした芝生に座って私たちを待っていてくれた。それから私たちは氏の案内でイタリア風のwater gardensと塀に囲まれた大きな庭園を歩いてティー・ショップではゆっくりした時をエンジョイすることができた。

　知られるように、イギリスの夏は太陽がなかなか沈まない。時間がまだあると判断したウィッタカー氏はアッシュダウン・ハウス（Ashdown House）を訪ねることを提案。私たちはバスコット・ハウスをあとにしてファリンドンへ出て、10マイルほど南下してアッシュダウン・ハウスへ到着。不覚にも私は*The National Trust Handbook 2005*を携行していなかった。残念ながら休みだった。それでも氏は帰途、Lambourn Downsの見晴らしのきくところで降ろしてくれた。ナショナル・トラストのバスコット村もコールズヒル村も一望に見

49

バスコット・ウォーター・ガーデンでウィッタカー氏とともに（2005.8）

渡すことができた。それから私たちのホテルへ。多謝！

おわりに

　地球温暖化と気候変動に伴う海面上昇の危機など、地球の危機を生み出した人間の営為は、直接にはどこに求められるのか。それこそは資本主義経済による営利（最大利潤）追求の結果であることに間違いはない。それでは資本主義経済とは一体何か。まずここで明白にすべきことは、資本主義経済は工業化と都市化、そして外国貿易を中心にしながら展開されていくということである。それではそもそも工業化は、一体どこで始まったのだろうか。資本制的生産様式に先立つ封建制的生産様式のなかで、農村工業が胚胎し、それが都市工業へ成長する過程で、資本制的生産様式が成立したことは明白なとおりである。今日、工業化と都市化が、そして外国貿易が一段と拡大しつつあることは私たちが日常見聞するところである。それと同時に工業生産力が止まることを知らな

いことも私たちの知るとおりである。このように見てくると、資本主義下、工業化と都市化が進む過程で、農村地帯が衰微していくことは必然的であると言わざるをえない。それに工業化が都市化を進めるものであれば、資本主義経済が都市経済化し、農村経済、ひいては地域経済と地域社会が衰退していくことは理の当然であろう。

　地球の危機が叫ばれて久しい。それにもかかわらず地球の危機は止みそうにない。資本主義経済が進むなか、むしろ人間社会が崩壊するかもしれないと考えるのは単なる杞憂に過ぎないのだろうか。否、地球の危機はむしろ進行しつつあると言っていい。工業化と都市化、そして外国貿易および国際金融・保険など第3次産業部門が進展するなかで、グローバリゼーション、ひいてはグローバリズムさえも止まるところを知らない。

　かかる状況のなかで人間社会を救済する方法はないのだろうか。資本主義経済による農村地帯の衰微は明白だ。今や農村地帯の活性化に意を注ぐべきである。それに農村は都市に比べて、その空間域がきわめて広い。そもそも人間は大地に生まれ育ち、コミュニティを形成してきたことを、もう一度振り返ってみるべきであろう。

　ナショナル・トラストはそもそも自然保護団体として、カントリィサイドを守り育てるために1895年に成立した。1965年にトラストがエンタプライズ・ネプチューン・キャンペーンに乗りだしたときの3つの標語のうち、2つを紹介すればこうである。(1)一般の人々の注意を、海岸が危機にさらされていることに向けさせること、(2)トラストのすでに所有している海岸地と、ネプチューン・キャンペーンによって得られた海岸地とをともに維持し、かつその質を高めることである[10]。

　これらのトラストの目的と方針は、現在でもそっくり当てはまる。ただ(1)については、これに海面の上昇と気候変動による危機が加わった。それだけにトラスト自体の危機意識も深まった。地球規模の危機を政治家や産業界の指導者たちに訴えて、温室効果ガスがドラスティックに削減されねばならないことを説得するために全力を尽くすことを、トラストは表明している。そればかりではない。海岸の危機に対して国民の意識を高めることは、国民の信頼を勝ち取るために絶対に必要である。情報を提供し、かつコンセンサスを樹立すること

は時間と努力を要するけれども、持続可能な解決策を見出すために決定的に重要である。

ナショナル・トラストが誕生して以来、110年が経過した。トラストの会員数、所有面積および海岸線のイギリス全体に占める割合は、それぞれ6％、1.5％および10％である。しかもそれらの占める割合は、将来にわたって増えていくと考えて差し支えあるまい。トラストのオープン・カントリィサイドに占める割合と海岸線に占める割合は、今やイギリス全土の実質部分を占めるに至った。また会員数にしてもそのとおりである。このように考える時、トラストのイギリスにおける影響力はきわめて大きいと言わざるをえない。私自身のトラストの資産でのほぼ30年にわたるフィールド・ワークおよびトラストの人々へのインタビューや彼らとの会話、それにイギリスの人々から得られるトラストへの感触、加えて1894年のトラストの臨時評議会の報告書を含め約110年間の年次報告書、トラストの発行する数多くのパンフレット類とその他のナショナル・トラストの研究書を読んだ限りでの私のトラストに関する実感は次のとおりである。

トラストは成立以来、いくつかの段階に分けることができるのだが、着実に成長しつつ、かつ年を重ねるごとに学習を積み重ねてきた。これこそナショナル・トラストがナショナルであり、かつトラストである所以であると確信しているのだが、そうである限りトラストは今後も成長していくはずである。それ故に地球の危機に対するトラストの固い決意は、国民の信頼に支えられながら、一つずつ達成されていくであろう。そしてトラストの世界への発信も、必ずや功を奏するのだと考えたい。

(2005年記)

【注】

（1）筆者著『ナショナル・トラストの軌跡　1895〜1945年』（緑風出版、2003年）、80〜83ページ。

（2）筆者稿「ナショナル・トラストとイギリス経済―望むべき国民経済を求めて―」、『日本の科学者』1997年2月号（Vol.32、No.2）、41ページ。

（3）筆者稿「第9章　ナショナル・トラストと自然保護活動―持続可能な地域社会を求めて―」『西洋史の新地平―エスニシティ・自然・社会運動―』（刀水書房、2005年12月）。

（4） 'The Edinburgh Declaration' (September 2003) —10th International Conference of National Trusts.
（5） 藤後惣兵衛・四元忠博稿「志布志湾の反開発運動」、全国自然保護連合編『自然保護事典②〔海〕』（緑風出版、1995年）、260〜276ページ。
（6） この時の対話の内容については、筆者稿「口蹄疫（foot and mouth disease）のなか、ナショナル・トラストをゆく」『人間と環境』（Vol.27、No.3、2001年）142ページを参照されたい。
（7） 筆者稿「ナショナル・トラストを訪ねて―望むべき国民経済を求めて―」、『日本の科学者』2001年2月号、（Vol.36、No.2）、27ページ。
（8） 筆者前掲著、82ページ。
（9） 同上著、69ページ、99〜101ページ。
（10） John Gaze, *Figures in a Landscape—A History of the National Trust*, (Barrie & Jenkins, 1988) p.207.
（11） 'Shifting Shores—Living with a changing coastline', p.15.
（12） ナショナル・トラストを真に理解するためには、筆者前掲著、第1編第2章第3節　ナショナル・トラストの意味を参照されたい。

第3章
地域の再生を目指して

はじめに

　地球の危機が進むなか人間社会の衰滅が危惧されるが、ナショナル・トラスト運動が正しく展開される限り、私たち人間社会は新しい段階を迎えつつ、この地球上に生きることができるはずだ。以下ではトラストがその運動を展開するなかで、地域の再生を果たしつつある姿を私たち夫婦の2008年8月から9月にかけての体験を交えながら紹介してみよう。

1．湖水地方を訪ねて

　私が初めて湖水地方を訪ねたのは1985年7月のことだ。それ以来ほぼ毎年湖水地方を訪ね、そして歩いている。幸いに2008年9月にトラストのBenefactor and Patron Event－the Lake Districtが実施された。私がa benefactorとしてこのようなイベントに参加したのは、これで4回目だ。以下では、このときの2泊3日の旅程に沿って湖水地方でのトラストの活動を紹介したいのだが、それに先立ってなぜ私がトラストのbenefactorに選ばれたのか簡単に記してみよう。
　私がbenefactorとして推奨されたのを知ったのは、理事長のフィオナ・レイノルズ女史から2001年4月10日付けの手紙を受領してからのことである。それによれば私がトラストのパートナーとしての役割を果たしているからだとの趣旨のことが記されていた。思えばその前の二人の理事長とも渡英のたびにお会いし、イギリスおよび日本のナショナル・トラスト運動について親しく話し合ったことも鮮明に思い出される。あるときには拙論の英訳を送付したこともあ

オールド・ダンジャン・ジル・ホテル（1996.7）

る。あるいはこれらのことが外国人としての私がbenefactorに推奨された理由ではないかと考えている。今後ともナショナル・トラスト運動に貢献しなければならないと考えているところである。

　さてイベント前日の9月2日、湖水地方のホークスヘッドに住むメグ女史に会うために私たち夫婦はロンドン・ユーストン駅を出発した。列車はウィンダミア駅に大幅に遅れて着いたが、彼女はホームで待っていてくれた。アーティストの彼女もトラストの会員だ。夜は彼女の家でワインで乾杯。翌朝、私たちはグレート・ラングデイルへドライブすることにした。

　私自身、グレート・ラングデイルへは何回か行ったことがある。いつだったか、アンブルサイドからグレート・ラングデイル行きのバスに乗り、終点のオールド・ダンジャン・ジル・ホテルで降りた。そこから先へ歩きながら左手に折れて急坂を登っていくと、この道がはるか下方のリトル・ラングデイルへと通じるところへ来た。一瞬リトル・ラングデイルへ下りる誘惑に駆られたが、このときは諦めて今来たホテルへ引き返した。というのはこの日はアンブルサ

第3章 地域の再生を目指して

典型的なオープン・カントリィサイドのグレート・ラングデイル（2008.9）

イドへの復路はバスではなく、歩くことにしていたからだ。

　イギリスでも、地域経済の衰退は目に余る。これを阻止しない限り、健全な国民経済も、望ましい村落社会も回復する道はない。トラストの戦略的な目標は地域の再生だ。トラストのいうオープン・カントリィサイドとは何か。このような思いを込めてアンブルサイドへ向けて歩き始めた。集落地では農場の建物や家畜小屋があり、牛や羊が群れている。振り向くとグレート・ラングデイルのはるか向こうには、トラストが守っているスコーフェル・パイクなどの霊峰が聳えている。そこにはいくつもの水源地があり、これらは渓流となってグレート・ラングデイルへ、そしてアイルランド海へと注いでいく。山と川と海は一体だ。これらが壊されてはならない。グレート・ラングデイルもリトル・ラングデイルもトラストの大地だ。こここそはオープン・カントリィサイドであり、生産の場であるとともに心の癒しの場だ。

　いよいよ9月3日朝、私たち夫婦を乗せたメグさんの車はホークスヘッドからグレート・ラングデイルへ向かう。左手にはグレート・ラングデイルから注

ぐ渓流が流れている。もう少し行くとオールド・ダンジャン・ジル・ホテルだ。その辺りは牧場だ。道を左折すると急坂となり、登りつめたところが先に述べたリトル・ラングデイルをはるか下方へ眺めることのできるところだ。ここは湖水地方のビュー・ポイントの一つだ。私たちもここで下車してしばらく歩く。他の歩道を下りていく人々もいる。車は多くない。途中でメグさんが待っていてくれる。車はリトル・ラングデイルへ向かうが、途中で右手へ折れる。この道はハードノット・パスやエスクデイルへ向かう急峻な道で、かつて今は亡きパトリック女史が私を乗せてウォースト・ウォーターへ向かって走った道だ。彼女は、私が湖水地方を初めて訪ねて以来のトラスト研究の仲間であり、『ピーター・ラビット』の作者であるビアトリクス・ポターの研究者でもあった。

　ウォースト・ウォーターは遠隔の地にある荘厳な湖だ。周囲は１万2,000ha.もあるトラストの大地だ。メグさんも天気が許せば、私たちをウォースト・ウォーターへ連れて行きたかったのかもしれない。この日は天候に恵まれなかった。途中で引き返し、リトル・ラングデイルへ向かう。この後もメグさんと私たち夫婦のドライブは続くのだが、もう紙面がない。私たちの車がウィンダミアのボーナスにあるリンデス・ハウ・ホテルに着いたのは午後５時頃だった。ここが今回のトラストのイベントの基地だ。６時頃ラウンジへ行くと、すでに多くの人たちが集まっており、しばらくするとプロジェクターを用いながら、トラストの湖水地方での活動の説明があった。７時からディナーが始まった。

　翌９月４日はレイ・カースル、ラングデイル、そしてコニストン湖へ。参加人員は25名。外国人は私たち２人だけだ。これにトラストからほぼ同数の人々が参加した。午前９時、２台のミニバスに分乗。アンブルサイドの桟橋からレイ・カースルの船着き場へ向かう。レイ・カースルはローンズリィとポターが初めて会ったところだ。建物の中には私が翻訳したトラストの成立に関する研究書であるGraham Murphy, *Founders of the National Trust*[1]が置かれていた。外ではボランティアの人々が歩道を修復中だ。これらの人々が生き生きとして働いている姿が印象深い。その後グレート・ラングデイルへ。

　バスから見るトラストのオープン・カントリィサイドは生きている。バスがトラストの借地農の農場で停車、借地農から、彼の持続可能な農場の維持管理

第3章 地域の再生を目指して

レイ・カースルで歩道を修復中のボランティアの人々（2008.9）

について説明があった。トラストが持続可能な農業を求めて実験農場を始めたのは1993年、コッツウォルズのシャーボン農場においてであった。トラストは21世紀に入って地域の再生を目標に、持続可能な農業を求めて次々と借地農と借地契約を交わしていく。このような状況の中、私たちは8月中に、ウェールズとの境界にあるヘリフォードシァのウォレン農場に滞在していた。このときの体験については次節で紹介しよう。

さて私たちの車は元来た道を引き返し、ラングデイル・ホテルで昼食の後、しばらく休んでコニストン湖の北方にあるターン・ハウズへ向かった。この小さな湖は2001年3月、口蹄疫（foot and mouth disease）がしょうけつを極めていた頃、故バトリック夫人の車でコニストン湖を一周するために立ち寄ったところでもある。今では車椅子の人でも一周できる便宜が図られている。次はいよいよトラストのゴンドラ号に乗車するためにモンク・コニストン桟橋へ。イブニング・クルーズを楽しもうというわけだ。操舵室へ行くとハンドルを握らせてくれる。第2次世界大戦前、トラストがピール島などの資産を次々と獲

得していった様子が思い起こされる。湖畔の沿道にはこの土地特有の家並みがある。時間を忘れているうちにこの湖を一周したゴンドラ号がラスキンの家のあるブラントウッドに接岸した。ここのレストランに着いたときは午後7時を過ぎていた。レストランの玄関には本部から来たばかりの資金調達責任者のレイクス夫人が迎えてくれた。ディナーの席で彼女と日本のナショナル・トラスト運動や私が関係するNPO法人奥山保全トラストについて話す機会を持てたのは幸いだった。

翌5日朝、ヒル・トップの家へ。ここはビアトリクス・ポターゆかりの地だ。ポターと言えば『ピーター・ラビット』を思い出す。ヒル・トップの家のあたりは当時のままだし、雰囲気もその当時のままに残されている。日本からの観光客も多い。ポターが童話作家および挿絵画家であったことはわが国でも有名だ。しかし後半生になると、彼女が活動的な湖水地方の農民で、羊の飼育家として自らの生活を築き上げていったことは、わが国ではあまり知られていないようだ。彼女がニア・ソーリーのヒル・トップをはじめとする農場とコテッジを購入していったのは、ナショナル・トラストを意中においていたからだが、日本からの観光客がトラストとポターとの関係をもっと知る機会を得られればと思う。

その後私たちはホークスヘッドへ。ここにはBeatrix Potter Galleryがある。ここはポターの夫のヒーリスの法律事務所だったところだ。ポターの遺産とヒーリスの遺産は彼が死んだ1945年8月に一緒に遺贈されたのだが、これらの財産をトラストはヒーリス遺産（Heelis Bequest）と言っている。ヒル・トップが公開されたのは1946年だ。いよいよ今回のイベントも終わりに近づいた。私たちのバスはホテルへ向かって走り出したのだが、途中私たち夫婦を含めて5名はロンドンへ帰るためにウィンダミア駅で降りた。車内の人々には手を振って別れを告げた。

2．ブロックハンプトン・エステートのウォレン農場へ

イベントに先立つ8月15日、私たち夫婦はロンドン・パディントン駅を出発

第3章　地域の再生を目指して

ブロックハンプトンのウォレン農場（2008.8）

し、ウースター駅に到着。ここからバス・ステーションへ。ヘリフォード行きのバスに乗り、ウォレン農場の近くで降りる。ここはB&Bも兼ねているから、3日間滞在の予定だ。

　この夏、この農場のホーキンズ夫妻の長男オーウェン君が日本を訪れている。Warren Farmsの看板を後に歩き始めると小麦畑が一面に広がる。やがて右側には数十羽の平飼いの鶏が遊んでいる。この農場はヘリフォードシァの北東部に位置するブロックハンプトンに属しており、ブロムヤードの町に隣接している。700ha.を占めるブロックハンプトン・エステート（Brockhampton Estate）は1946年にトラストへ遺贈され、今では4つの農場を持つとともにパークランドやウッドランドに囲まれたきわめて自然景観に富んだ地区である。この農場は約221ha.を占め、そのうち121ha.が農耕地で、残りが牧草地だ。そのほかにティー・ルームもあり、イチゴ狩りもできる。なおこの地区の中心をなすロウアー・ブロックハンプトンの中世時代のマナー・ハウスへの訪問者が、最近年間2万3,000人を超えた。

ウォレン農場のホーキンズ夫妻と一緒に（2007.9）

　ブロックハンプトン・エステートでは、Farming Forward in Action（2003年）というパイロット計画を実施中だ。これは2001年の口蹄疫の発生を契機に準備されたものだが、これこそトラストの戦略的目標である「地域の再生」を実現していこうという新たな試みである。

　このことを理解するためには、ブロックハンプトン・エステートを視野に入れながらウォレン農場を歩くべきだ。このように考えて前年に続き再度この農場を訪ねたのだった。ホーキンズ夫妻が上記の計画に従って農業活動を行なっていることは言うまでもない。

　8月15日昼過ぎ、私たち夫婦は漸くウォレン農場に着いた。今回は3泊4日だ。ロンドンの大学に通うオーウェン君も帰省していた。この夜は嬉しいことに一家でディナーを催してくれた。四男で末っ子のフレイザー君はラグビーの練習で留守だった。ホーキンズ氏は農作業中で途中から参加。その後再び農作業に出た。それでもオーウェン君の友人と親戚の男の子もいたからとても賑やかで楽しい夜だった。翌朝聞くと、ホーキンズ氏は午後11時まで働いていたそうだ。

翌16日にはオーウェン君が車でトラストの資産であるベリントン・ホールとクロフト・カースルを案内してくれた。夕方にはホーキンズ氏がオーウェン君と末っ子のフレイザー君を連れて私たちを地元のパブへ連れて行ってくれた。今でも田舎のパブは、ゴシップの中心地だと教えてくれる。フレイザー君は父親そっくりだ。彼がこの農場を継ぐのだろうか。

17日は、ウォレン農場滞在最後の日だ。昼過ぎからホーキンズ氏が車でこの土地の内外を案内してくれた。ウォレン農場を個別の農場として捉えるのではなく、ここをオープン・カントリィサイドの一画をなすものとして統合的に捉えることが必須だからだ。2時過ぎ、私たちを乗せたホーキンズ氏の車はやがてプロパティ・マネジャーのロジャーズ夫妻が管理しているジャム工場に案内してくれた。貰ったジャムは自然栽培によるものだ。次はウォレン農場の牧草地へ行く。ここは勾配のある絶景の地で、彼のお気に入りの牧場だ。素敵な自然風景を楽しみながら牛の世話をするのだと言う。他の借地農をも紹介してくれた。この農場にいる4名の借地農が相互に協力し合っていることがわかる。最後に案内してくれたのは彼の弟の経営する酪農場だった。ここはトラストの農場ではない。sustainableではないが、限りなく持続可能な農場に近づきつつあるのだという。

以上トラストのブロックハンプトン・エステートとウォレン農場を素描してみた。それではこの農場は実際にはどのように管理・運営されているのか。それを知るための最善の道はトラストとホーキンズ夫妻との間に交わされた借地契約書を検討することだ。この農場は農業用地であると同時に、自然環境も良質のものに維持されなければならない。それからこの農場は、イギリス政府の農業環境政策の一環であるカントリィサイド・スチュワードシップ事業も採用している。なおホーキンズ夫妻がトラストの借地農である限り、彼らがこの農場で守るべきことは、排水溝や汚水などを常に清潔に保つこと、農場で枯死した樹木を発見した時はすぐにトラストに報告することなど多数にのぼる。トラストも守るべき義務をもつ。例えばトラストはすべての樹木に対して責任をもち、倒木や枯死した樹木がある場合、借地農はそれらを移動したり、除去したりしてはならない等々。ホーキンズ夫妻がトラストの借地農に応募したとき、競争率は50倍だったという。彼らは優秀だ。トラストの期待に応えるに違いな

い。彼らは持続可能な農業ばかりでなく、B&Bやイチゴ狩りなど多様な農業活動に挑戦している。ブロックハンプトン・エステート・オフィスからの連絡によると、イギリスの動向と同じく、この地域の人口も減っているが、ウォレン農場をはじめ、このエステートでのトラストの活動は活発であり、問題はないという。

　資本主義下、農業は放置されたままでは衰退せざるをえない。これは大地が壊れていくことを意味する。資本主義経済が続く限り、政府が農業部門を守るべきは当然である。しかし私たちは政府にすべてを託することができるのだろうか。このように考えると、わが国でもナショナル・トラスト運動を正しい方向に向けなければならない。　　　　　　　　　　　　　　　　（2008年記）

【注】
（１）グレアム・マーフィ著、四元忠博訳『ナショナル・トラストの誕生』（緑風出版、1992年）
（２）Agreement for a Farm Business Tenancy of Warren Farm Between The National Trust (Landlord) and James Hawkins, Victoria Hawkins (Tenants) from 29th September 2006. 期間は2006.9.29から2016.9.28までの10年間である。

第4章
ナショナル・トラスト運動
―― ハニコト・エステートの
　　クラウトシャム農場を例にして

ナショナル・トラストの成立と戦略的目標

　人と人とが寄り添い、語り合い、助け合う時代が確かにあった。また同時に自然のなかにあって動物や植物に囲まれながら自らが癒されていた時代も確かにあった。それらの時代が無くなったのは、いつの頃からなのだろうか。

　人間社会が資本主義経済のもとに最大利潤を求めて、ひたすら工業化を推し進めてきたことに大きな原因がある。もうひとつ重大な歴史的事実を指摘しておかねばならない。資本主義の成立以降、特にイギリスおいて18世紀後半産業革命が生じて以降、工業化と都市化が進み外国貿易が加速化された。それに工業化の先行条件として、国民の大部分をなす農民からの土地収奪、すなわち労働力の商品化が必要であった。イギリス農村の囲い込み（エンクロージャ）は歴史上古くから行なわれてきたが、とくに産業革命の勃発とともに行なわれた第2次囲い込み運動は、議会の立法的手続きを経て、きわめて大規模に行なわれたことはあまりにも有名だ。ここに産業革命以降、農村から都市へ人口が移動し、都市化が急速に進み、それと同時に国民の大多数が土地から切り離され、農村におけるコミュニティが失われていった。

　大地＝自然は人間社会の生活の場であるとともに、生活を営み続けるための資源を生み出す場だ。ところが産業革命後、特に1830年代以降、鉄道時代を経て重工業段階に入ると、いよいよ自然破壊が進む。例えばいずれの工業製品であれ、それらに用いられた原材料およびエネルギーは、再び資源として戻ってくることはない。

かくして1865年には自然破壊を阻止するための入会地（コモンズ）保存協会が活動を開始するが、この団体は単なる人の集まりであったために、土地を獲得することができなかった。それ故に会社法のもとに土地を獲得するための法人たるナショナル・トラストが設立されたのが1895年であった。(1)

　なお次のことだけは記しておきたい。トラストが創立された1895年と言えば、産業革命後一世紀を経ており、すでに鉄道時代を経て重工業段階に達していた。資本主義経済下、工業化と都市化は進む。その過程で田園地帯が都市化に飲み込まれていくのに気づいたのは、トラストの創立者3名だけではなかったはずだが、このような人々がナショナル・トラストの下に結集していったのである。ナショナル・トラストは純粋な民間団体として、広大な自然豊かな大地と、大地と一体化した歴史的建造物を、将来の世代の人々のために守り、育てることを目的とするために創設された。ここで織りなされる人類の歴史こそ、我々人間社会の将来への指針を示してくれるものだ。それではなぜナショナル・トラストは純粋な民間団体として創立されなければならなかったのか。この歴史的事実を正しく理解し、把握しておくために、ここでは「ナショナル」と「トラスト」のもつ意味を明らかにしておこう。

　「ナショナル（national）」について。いつだったかわが国のある公式の集会で、ある野党の国会議員が「ナショナル」であるから、政府と協力すべきだと公言した。これは誤りだ。「ナショナル」は国家ではなく、'for nation'（国民のために）を指すのであって、決して政府や行政を指すのではない。政府や行政が必ずしも大地＝自然を守ることができないことは、今ではもう私たち日本人でも十分に知っている。それ故にこそ、一国の国土を守るためには、当然政府・行政が自らの国土を守る責務を有するけれども、それだけでは不十分だ。ここに自らの国土を守るためには政府・行政と民間あるいは国民が相互に独立して責任を負いながらパートナーシップを組んで我々の国土を守っていかねばならないことは明らかである。だからこそイギリスにおいて早くも1895年、自然を守るための民間団体がナショナル・トラストとして成立したのである。

　「トラスト（信託）」の意味はどうか。この言葉も理解するのに私たち日本人には難しいのだが、とりあえず次の表現を用いたい。「草創時よりトラストが国民から信託された（トラスト）資産を忠実に、かつ命がけで守り続け、その

質を高めるために努力してきたからこそ、今日の強大なナショナル・トラストがある」。だからこそナショナル・トラストと会員、そして支持者の間に強い信頼関係が生まれ、現在ではナショナル・トラストと会員、支持者ひいては国民と資産（＝大地）との間に三位一体の強い関係が築かれているのだ。

　創立者3名（ロバート・ハンター：弁護士、オクタヴィア・ヒル：社会改良家、ハードウィック・ローンズリィ：牧師）のもとにナショナル・トラストが法人団体として会社法のもとに正式に登録されたのは1895年だ。創立を機にトラストは着実に発展した。1906年になるとトラストの資産は24件となり、土地面積は約680ha.となった。この実績を踏まえ、トラストを法のもとに再構成し、その土地管理能力に、より大きな法的権限を与えなければならない。このことは1895年のトラストの基本定款にすでに掲げられていた。幸いに1907年に最初のナショナル・トラスト法が議会を通過した。この法律によってトラストはその所有資産（土地と建物）は「譲渡不能である（inalienable）」と宣言する権限を付与された。いよいよトラストはこれを契機に飛躍へ向けて進むことになる。(2)

　ナショナル・トラスト運動は成立以来着実に成長し、かつ年を重ねるごとに貴重な体験を積み重ねてきた。これこそナショナル・トラストがナショナルであり、かつトラストである所以だが、そうである限りトラストは今後も成長していくはずだ。だからと言って順風満帆に成長を遂げてきたわけではない。このことをしっかりと踏まえたうえで、2010年2月28日現在のトラストの動きと規模を見ると次のとおりだ。370万人の会員（全人口の6.5%強）、6万1千人のボランティア、約5千人の職員を擁し、約25.5万ha.（全国土の1.5%強）、1,141kmの海岸線（全海岸線の約23%）、350以上のカントリィ・ハウスや古代の遺跡などを所有し、管理・運営している。入場有料の訪問者は1,720万人を数え、その他入場無料のトラストのカントリィサイドや海岸線を訪ねている人々は5,000万人を超えている。このようにトラストの成長には多くの面で目を見張るものがある。実際に私自身、1985年以来ほぼ毎年ナショナル・トラストを歩いてきているなかで、そのことを実感している。

　トラストが人と大地をつなぐためにこそ創られたのだし、またオクタヴィア・ヒルが「貧しい人々のためのオープン・スペース」に思いをめぐらしたのもこのような大地であった。大地＝自然こそ、私たちの心を癒してくれるオアシス

であり、またストレスに満ちた現実世界から私たちを救い出してくれる。上記のとおり、トラストは今日の社会経済的および自然環境危機に取り組むだけの力をつけている。今日、わが国を含めて世界各国が、社会的矛盾や不況にあえいでいるが、とくに地域または農村社会の衰退には目に余るものがある。資本主義経済下、工業化と都市化が進むなか、農業部門の衰退は必然的だと言わざるをえないが、とにかくこの歴史的必然性を明らかにすることは、私たちに残された重要な研究課題だ。(3) イギリスにおいて、いわゆる農業危機が現実化したのは、産業革命後自由主義経済が実行に移されて（1846年、穀物法の廃止）一世代を経た1873年になってからだ。それ以来農業危機は基本的に言って、今日まで解決されていない。

　それ故に21世紀に入ってからのトラストの戦略的な目標は、ナショナル・トラストがイギリスで「地域の再生」のためのリーダーシップを発揮することだ。それとともに自然保護教育と生涯教育をより一層拡充し、自然景観と歴史的および文化的遺産への人々の理解を深めることだ。2008年からはトラストの目標は、上記の目標の達成を踏まえて、以下のような表現となっている。

　①トラストの支持者を増やし、その人々をナショナル・トラスト運動に引き込む。②自然（＝資源）の質の維持と向上。③人へ投資する。ナショナル・トラスト運動は公共的・公益的な活動だ。だからトラストの自然保護活動の真の価値は、美を追求し、生活の質を向上させ、地域の特殊性を保ち、トラストの大地＝自然へ人々を誘い、そしてそれらの人々がトラストの仲間になってくれることだ。トラストのボランティアやスタッフがこれらの価値を深く理解し、それらを他の人々へ伝えていくことはたいへん大事なことだ。そのために必要な経費を惜しむべきではない。④財政基盤を確立しなければならない。これはまたトラストが政府・行政から独立するための物質的基盤であるとともに、トラストの将来の活動を担保するための絶対的条件だ。いよいよトラストはイギリスで国民運動を展開するとともに、イギリス自体を変えていく段階に入っていく。

　ナショナル・トラストの成立以来、110年余が経過した。イギリスにおけるようなナショナル・トラスト運動の成果は、ヨーロッパはもとより世界を通じてその例を見ることはできない。今こそトラストが世界のナショナル・トラス

第4章　ナショナル・トラスト運動

ト運動を率いていくべき時期に達していると考えるべきだ。それはとにかくトラストのフル・ネームはThe National Trust for Places of Historic Interest or Natural Beauty（歴史的名勝地および自然的景勝地のためのナショナル・トラスト）だ。3人の創立者たちが、イギリスの国土を守るために政府・行政から完全に独立した自然保護のための民間団体を打ち樹てることができたのは大きな業績だ。ここに「ナショナル・トラストは、その発展に平等に寄与した3人の創立者のビジョンとエネルギーがなかったとすれば、考えられないのだということは明白である」。

トラストの今日までの簡略な業績についてはすでに述べた。ここに一国の国土を守るためには、行政と民間の間にそれぞれの異なった役割があるのだということもすでに明らかなはずだ。例えばイギリスでは今日、後述のとおりトラストと政府・行政が相互に独立して、相互に責任を負いながらパートナーシップを組みつつ、国土を守るために協力している。わが国ではどうか。パートナーシップという言葉もめったに聞かれない。そのうえに我々民間人が我々の国土を守るために必死に努力しているにもかかわらず、我々の政府・行政はパートナーシップをもって我々と協力しているとはとても思われない。

「地球の危機」が言われて久しい。その象徴とも言うべき「気候変動（climate change）」に対して、私たちの政府が国際的に、また国民に対して何か積極的な役割を果たしていると言えるだろうか。

政府・行政が自らの国土を守るべきは当然のことだ。そのためにこそ公権力をもつ。民間団体であるナショナル・トラストに公権力はないし、また課税権もない。頼るべきは国民のトラストへの信頼感のみである。

イギリスでは、トラストの持つ所有面積は約25.5万ha.（全国土の1.5％強）で、その80％弱は田園地帯にある。そのほぼ80％が農用地であり、ここで約2,000名の借地農が彼らの農業労働者とともにトラストの借地契約に基づいて農業に従事している。トラストの大地はトラストのフル・ネームにあるように、いずれも自然美に富み、かつ歴史的に由緒ある土地である。

トラストの戦略的な目標は「地域の再生」だ。2001年は口蹄疫がイギリス全土を襲った年だが、この年のトラストの年次報告書には「トラストはこの1年

間、ずっとトラストの借地農と一緒に働いてきた。…カントリィサイドを将来いかに守り育てていくかが、私たちの第一の課題である」と書かれている。農業部門がいわゆるグリーン・ツーリズム、そしてもっと広い経済部門と深いつながりを持っていることは、もはや説明する必要はあるまい。

　トラストは土地所有者として、そして農村のビジネスにかかわるものとして、地域社会およびもっと広範な人々が直面している多くの課題にたいして、新たな解決を見出すための指導的立場に立っている。そしてこの場合、トラストが明らかに有利な立場にある証拠は、他の人々が単に言葉で理論化しうる命題を、自らの場で実行しうることだ。たとえば、いわゆる持続可能な農業（sustainable agriculture）がそれだ。

　それではトラストが持続可能な農業を開始したのはいつか。コッツウォルズのシャーボン村の農場で実験農場が始められたのは1993年からだから決して古い話ではない。トラストが成立以来、首尾一貫した運動理念のもとに重い年輪を重ねながら到達したのが持続可能な農業であり、持続可能なオープン・カントリィサイドだ。

　それではトラストのオープン・カントリィサイドを紹介したいのだが、どこにすべきか。シャーボン村のシャーボン農場にしたいが、これは拙著および拙稿に譲ることにして、イングランド西南部にあるサマセット州のハニコト・エステートを訪ねることにしよう。現在ここは5,050.2ha.の広大な面積を占め、5つの村と14名の借地農を持つトラストの典型的なオープン・カントリィサイドの一つだ。ここにクラウトシャム農場（Cloutsham Farm）という山岳地帯で92ha.の畜産業を営む農場がある。この農場は2005年からトラストとの間に有機農業を営むための契約に入り、現在に至っている。ここをハニコト・エステートの一画を占める農場と位置づけつつ、ここの農業活動が地域の再生にとって、ひいては環境保護およびツーリズムを含む健全な国民経済を実現するために、いかなる意味と意義を有するのかを考えてみよう。

1．ハニコト・エステートを歩く

　私がハニコト・エステートを初めて訪ねたのは1994年8月9日だ。あれから

第4章 ナショナル・トラスト運動

ハニコト・エステート

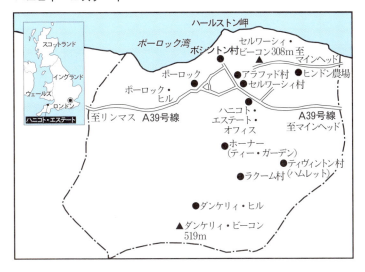

　ここを何度訪ね歩いたことだろうか。マインヘッドからA39号線をポーロックへ向けて歩いていくと、ヒンドン農場へ向かう道に出会う。ここからハニコト・エステートが始まる。この車1台しか通れないほどの道を進んでいくとヒンドン農場に行き着く。実はこの農場は先に述べたシャーボン農場に次ぐ2番目の有機農法のための実験農場だ。この農場の規模は約200ha.で、大部分が肉牛、羊、豚、そして鶏などの家禽類が飼育され、その他に耕地もある。2000年にトラストと有機農法を行なう契約を交わし、現在に至っている。だからすべての土地が有機農場だ。その他にB&Bと自炊（self-catering）のためのコテッジもある。
　あるとき、この農場の借地農であるロジャー・ウェバー氏とのインタビューで、「この農場内ならば、リンゴを土の上に落としたって構わない。土を拭きさえすれば食べられる」と語ってくれた。私も似たようなことを思い出す。私が小学生から中学生の頃にかけて、粗放農業から農薬や化学肥料を使う集約農業へと移行しつつあった頃から、このような習慣がなくなったように思われる。例えばひもじさのあまり畑からさつまいもを直接に掘り出して食べたことも懐かしい思い出だ。
　さて、ウェバー氏の言葉をかみしめながら、ヒンドン農場の歩道を登ってい

セルワーシィの森から見るハニコト・エステートの一部（2008.8）

くと、ブリストル海峡を見下ろすことのできる海抜308mのところにあるセルワーシィ・ビーコンに辿り着く。ここからのハニコト・エステートの眺望は素晴らしい。ブリストル海峡の前方にはウェールズのカーディフとスウォンジィがかすかに見える。ハニコト・エステートは東のほうに海岸の保養地で有名なマインヘッドの町、そして西のほうにはこれまた海を控えた保養地で有名なポーロック村に挟まれている。この大地こそ見渡す限り広大なカントリィサイドだ。ここは北サマセットのエクスムア国立公園にあるハニコト・エステートだ。眼下には5つの村が点在し、前方にはダンケリィ・ヒルが遠くに聳えている。オープン・カントリィサイドの自然風景を堪能しながら歩道を下りていく。しばらくするとA39号線に出る。道一つ隔てたところにハニコト・エステート・オフィスがある。

　2003年8月、この事務所でナイジェル・ヘスター氏に会った。このとき、私へ手渡されたのがSOWAP (Soil and Surface Water Protection Using Conservation Tillage in Northern and Central Europe) なるパンフレットだ。これこそ

はEU諸国において、政府主導で持続可能な農業を実現しようというきわめて画期的な実験である。このプロジェクトは、従来の北欧および中欧での集約農法を止めて、土壌と水質を保全しつつ、採算可能で持続可能な耕作農業を実現しようというものだ。しかもこのプロジェクトにナショナル・トラストが理想的なパートナーとして加わっていることが記されている。このトラストの農場こそ、ハニコト・エステートの農場であって、今では所期の目的を遂げて、将来に向けて持続可能な農業のモデルを提供しつつある。またクラウトシャム農場は2005年2月からトラストとの間に有機農法を営むための契約に入り、現在に至っている。

　このように見てくると、ハニコト・エステート自体が持続可能な地域社会をつくりつつあるのだと考えることができる。前記のとおり、クラウトシャム農場はトラストとの間に有機農業を営むための契約に入り、現在に至っている。クラウトシャムは2008年、私たちがここの事務所に勧められて参加したこうもりの観察会のあったホーナー・ウッドを登ったところにある。この辺りはホーナー・ウッドやダンケリィ・ヒルを含めて特別研究対象地域（SSSIs）として国立自然保存地（NNR）となっている。それと同時にここは条件不利地域（less favourable area）に指定された山岳地帯にある92ha.の畜産業を営む農場である。

　早速この農場を訪ね、素描を試みたいのだが、その前にトラストが発行した'The National Trust: Whole Farm Plan—Cloutsham Farm-Holnicote Estate'（The National Trust、2005年1月）と'Holnicote Estate—Management Plan 2008-11'にしたがって、トラストが描くハニコト・エステートの姿をごく簡単に紹介しておく。それを基礎にクラウトシャム農場を訪ね、フィールド・ワークにしたがってクラウトシャム農場のもつ社会経済的意義を考えるのがより有効だと考える。

　すでに試みたハニコト・エステートの素描から、この大地がもつ生物多様性と自然風景の美しさから見ても、ここがハニコト・エステートの広大な大地の一つであり、きわめて重要な色々な要素を含む地域であることはすぐにわかる。セルワーシィ・ビーコンに立つとブリストル海峡の向こう側に南ウェールズの山並みが見え、手前のハニコトの海岸線の西方にはポーロック湾がある。振り返ればハニコトが一望に開ける。ヒースや低木の広がる歩道を下りていくと、

やがてセルワーシィの森だ。右に折れてアラファドやボシントンの森を歩いて行くと、ポーロック湾が見える。南のほうにはホーナーの森も目に入るし、ラクームの集落地もすぐそこだ。ハニコトには上記のように5つの村があり、そこには何世代もの間、同じ家族の人々が暮らし、強い地域の絆が保たれている。ハニコトのような村落社会では、隣人同士の絆が強いことを私自身、北ウェールズの山岳地帯でも知ることができた。ハニコトの歴史も古い。考古学上の遺跡も豊かだし、ヒースに覆われた荒野と森林地、それに豊かな多様性に満ちた野生生物。5,050.2ha.のこの広大なハニコト・エステートには、100マイル以上もの歩道と乗馬用の道路が設けられている。すべての人々に「時間がゆっくりと流れている」この大地を存分に楽しむチャンスが与えられており、毎年50万人以上の人々が訪れている。

　農業不安がいつまでも続くなか、ここを生活の場として、農業をいつまでも続けてきた村民たちの心情を思わずにはいられない。それにもかかわらず農業部門が1873年に農業大不況を発生させて以来、今日に至っても回復を示してくれそうもない。今やグローバリズム下、資本主義経済が腐朽の段階あるいは没落の過程を経つつあるのだと判断してもおかしくないであろう。したがって今こそ、良質なツーリズムが興るべき段階だ。イギリス政府も自然環境保護こそ農業環境政策に通じるのだと言っている。それではナショナル・トラストはクラウトシャム農場を農業と自然環境とを一体化しつつ、自らの自然保護活動をいかに展開しようとしているのか。

2．クラウトシャム農場を訪ねて

　クラウトシャム農場は、家畜小屋と諸設備が不十分だとはいえ、牛と羊を未成育の段階で市場に出す畜産を主とする農場だ。これらの家畜の売値は飼育費よりも安い。だからこの事情は10年以上も前のトラストからの私への手紙の内容とほぼ同じと考えてよい。「補助金を提供する政府の農業環境政策は、トラストにとってきわめて有益です。もしそれがなければ、トラストがその資金を借地農に提供しなければならないからです。…」[8]。かくして農場内にある建物を利用してホリデー・コテッジとB&Bを提供しているクラウトシャム農場にと

第4章　ナショナル・トラスト運動

ハニコト・エステートでのこうもり観察会（2008.8）

って、ツーリズムは大切なビジネスだ。場所的にもハニコト・エステートでは最も望ましい位置にある。そういう点から言っても、ツーリズムのための諸設備を整備する必要がある。

　ここでトラストの21世紀への農業活動の方針を示せば次のとおりだ。詳細はトラストの刊行物に譲らねばならないが、農業を地域を守り育てるための枢軸として見ていることは周知のとおりだ。農業こそが安全・安心な食料を生産し、提供するとともに、トラストの美しい風景を維持し、豊かで多様性のある野生生物を育て、歴史的遺産を守り、そして可能な限り国民に農業の価値を理解させるためにトラストの牧場や放牧地、そして耕作地などへのアクセスを許し、それを奨励する。トラストは土、大気および水を守るとともに、自然の動きに逆らわず、それと共生すべきだ。経済的には、農村地帯で仕事と収入を生み出し、農村社会を活発にすべきだ。

　再びクラウトシャム農場へ戻ろう。実は私がこの農場を知ったのは最近のことだ。1994年8月、晴天下あのセルワーシィ・ビーコンに立ったとき、いつか

この足でダンケリィ・ビーコンに立ち、そしてダンケリィ・ヒルを歩いてみたいと考えた。ついにチャンスが来た。

　2007年9月1日、ポーロックのB&Bに止宿した私たち夫婦は翌朝、ここを徒歩で出発。A39を走る車をよけながら、ようやく右に折れてホーナーに着くが、ここにあるカフェのサービスは早朝のためにまだ行なわれていない。そのまま翌年こうもりの観察会に参加したホーナー・ウッドへ入っていく。クラウトシャムに源流をもつホーナー・ウォーターが流れ、時には小さな石橋を渡って奥地へと森の道を登っていく。ようやくダンケリィ・ヒルへ。ヒースに覆われた荒野をブリストル海峡のほうを時どき見ながら登っていく。ダンケリィ・ビーコンを手前に休止。ここでランチを食べながら、ハニコト・エステートの素晴らしい自然風景に圧倒される。西のほうへ目を向けると、遠くに農場の家屋が見える。それに教会の尖塔も見える。こんな遠隔地に、しかも高い所に人が住み、自然に働きかけ自然とともに生活している。ここここわが国で言う条件不利地域だ。わが国なら、とっくに耕作放棄地になっているはずだ。

　それではこのクラウトシャム農場は、ハニコト・エステートの一画にありながら、どのような農業経営を推し進めていこうとしているのか。私自身、このときはこのことを考えつつもダンケリィ・ビーコンに立つことも、クラウトシャム農場を訪ねることもせずに、次の機会を待つことにした。

　その機会は2009年7月3日に来た。クラウトシャム農場を訪ねることも、ハニコト・エステート・オフィスのナイジェル・ヘスター氏とのインタビューの約束も事務所のほうで前もって整えていてくれているから、旨くいくはずだ。ところが農場の借地農のカシィ・スティーヴンズ女史が母親の病気見舞いに行ったために私との会見は不可能とのこと。ただし彼女のパートナーのデヴィッド・グリーンウッド氏は在宅とのこと。私たちはさっそく事務所の車で農場を訪ねることにした。グリーンウッド氏とスティーヴンズ女史との意見はほぼ同じであること、同時に両者のトラストとのパートナーシップも順調に進んでいることも明快に話してくれた。だから以下の叙述は私のフィールド・ワークを含めてトラストの見解と借地農との見解が一致しているものと考えて間違いない。

　この農場も見たとおりきわめて古いが、最初の記録は13世紀前半に遡り、見

第4章　ナショナル・トラスト運動

トラストのカントリィサイド・マネジャーのヘスター氏へのインタビュー（2009.7）

られるもっとも古い建物は17世紀に続いて18、19世紀と建て増しされ現在に至っている。建物の雰囲気自体は当時とほとんど変わらず、今ではこの農場は先にも記したように、ホリデー・コテッジとB&Bを兼ねながら、家畜の粗放経営に従事している。クラウトシャム自体は、ホーナー・ウッドとダンケリィ・ヒルの間にあり、広葉樹林、放牧地、渓流、ヒースの荒野を含む多様性に富んだ生息地である。それ故にこの地区に関連した貴重な希少種の動植物を保全するために、注意深い家畜の放牧と自然に富んだ牧草地の注意深い粗放的管理が何よりも重要である。このようにハニコト・エステートとその一画を占める海抜308mのクラウトシャム農場が、自然風景と歴史的遺産を保持し、その質を高めてこそ、持続可能な農場として、ここを訪れる人々を再び惹きつけるだけの魅力をもつはずだ。事実、私たちもハニコト・エステート・オフィスを通じて予約を試みたが、宿泊の予約を取るには遅すぎた。

　それではクラウトシャム農場に対するトラストのビジョンと目標はなにか。上記の事情から明らかなように、トラストはこの農場を自然保護とツーリズム

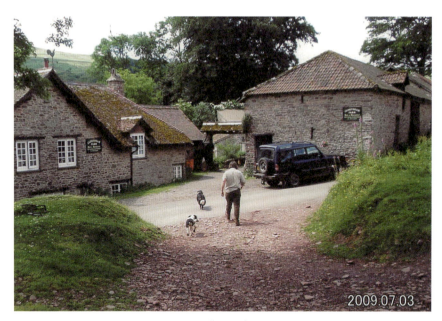

クラウトシャム農場の家屋（2009.7）

クラウトシャム農場の放牧地（2009.7）

第4章　ナショナル・トラスト運動

を優先的に考えて維持していこうと考えている。そのためにはこの土地に要する自然物と自然力を用い、できるだけ少なくて済む資本と労働力を加える農業、すなわち粗放的な家畜飼育を維持すること、農場内の建物を良好に保ち、そして農場および周囲の自然風景を保つこと、借地農には最適の収入を、トラストには公正な地代が支払われるように、トラストと借地農とが正しいパートナーシップを組むこと、それから土壌と水および特別科学研究対象地域（SSSIs）の保護に関する、これからますます厳しくなる法的規制を守ること。そのほか農場内の家屋や家畜小屋の改良など、トラストの行なうべき仕事は残されているが、借地農とトラストとの間には、相互に独立した協力関係を保つことになんの障害もない。

　クラウトシャム農場はダンケリィ・ヒルに放牧権をもつ92ha.の牛と羊を飼育する農場であって、同時にホリデー・コテッジとB&Bを兼営していることは既述のとおりだ。土地は痩せており、耕作には適していない。それからクラウトシャムの東側に接してイースト・ウォーターが流れており、この川はホーナー・ウッドへ入り、ここでホーナー・ウォーターと合流し、ついにはポーロック湾へと注ぐ。この川は水源地を発し、ポーロック湾へと注ぐのだが、ここはすべてがトラストの大地であることに注目したい。ハニコト・エステートこそトラストの大地の管理・運営のモデルを提供しているのだということを強調したいのである。

　ハニコト・エステートはもちろん、この一画をなす地区も自然環境や多様性豊かな野生生物ゆえに、とくに重要な大地であることは言うまでもないが、このことはここが各種の国および地方自治体の自然保護のための指定を受けていることにも反映されている。それらのいくつかを例示しておこう。ダンケリィ・ヒルとホーナー・ウッドは国立自然保存地（NNR）として指定され、クラウトシャム農場の大部分を取り囲んでいる。この地区すべてが特別不利地域（Severely Disadvantaged Area, SDA）として、またエクスムア環境保全地域（Exmoor Environmentally Sensitive Area, ESA）の一部として指定されている。この環境保全地域事業は、湖水地方やコッツウォルズ、そしてエクスムアなど指定地域を設けて行なわれるイギリスを含めたEU諸国の農業環境政策に基づく農業環境保全事業であった。現在はこの事業は停止され、そのかわりに新たな環境保全

79

こうもり観察会が催されたホーナー・ウッド（2009.7）

事業（the Environmental Stewardship Scheme）に取って代わられている。この新たな環境保全事業は、これまでの環境保全地域事業とカントリィサイド・スチュワードシップ事業（Countryside Stewardship Scheme, CSS）の成功を基礎に新たに拡充された事業である。したがってイギリスを含めたEUの農業環境政策は、これまでの成功を基礎にさらに拡大されたのだと考えなければならない。なおホーナー・ウッドは国立自然保存地であり、また私たちがこうもりの観察会にも参加したところだが、同時にこうもりの希少種を守るために生物多様性アクション・プランを国が行なっていることも忘れてはならない。上記のごとくクラウトシャム農場は自然環境や野生生物の多様性を守り、そして政府の農業環境政策のもとに自らの農業を営んでいるのだ。

　最後にこの農場が条件不利地域にあって損失を続けているなかで、実現可能だと思われるビジネスをトラストが紹介している。それは有機農産物の販売事業に参加することだ。この農場は未成育牛を市場に出しているが、この未成育牛を、地元で有機農産物を生産し、これを完成品として販売している農場に委

第4章　ナショナル・トラスト運動

託し、連携することによって、このビジネスは十分に成り立つ可能性があると言う。このビジネスを育て、そして製品に付加価値を付けて販売する最初のチャンスはクラウトシャムが行なっている宿泊サービスにある。そのためにもホリデー・コテッジであれB&Bであれ、高品質のサービスと農場の自然環境を提供しなければならない。それからここの宿泊客、ツーリスト、そしてハイカーたちへ茶菓や軽食を提供するサービスも十分に可能であろう。クラウトシャム農場自体、ホリデー・コテッジとB&Bを積極的に営んでおり、トラスト自体も"Bed and Breakfast 2010"を刊行して宣伝に努めている。これまでにこの農場だけでなく、トラストの借地農が自らの農場の家屋を改良してホリデー・コテッジやB&Bを提供し、訪問者に便宜を与えている事実を、筆者自身何度も体験している。

　資本主義経済下、農業危機が発生して以来、農業不振が基本的に解決されないまま今日に至っている。このような状況下で、ナショナル・トラストと借地農との連携のもとにホリデー・コテッジとB&Bが会員に、そして国民へ開放されていることは、まさに将来へ目を向けたきわめて前向きの姿勢だと考えることができる。
　トラストと大地、そして会員、借地農ひいては国民が三位一体となって地域の再生を目指しつつ、日々活動している様をハニコト・エステートとその一画をなすクラウトシャム農場の活動を例に描いてきた。そしてこのナショナル・トラスト運動に対して、EU政府およびイギリス政府そして地方自治体が、農業環境政策および各種の補助金や助成金を通じてトラストとパートナーシップを組んでいることも先に簡潔に説明したとおりだ。かくしてトラストが「もしクラウトシャム農場が農業環境保全事業と補助金によって支援されないとすれば、この農場から牛や羊などの姿が見られなくなるだろう」(10)という言葉は単なる杞憂とは考えられない。いずれの国であれ、政府・行政と国民が相互に独立し、かつ責任を負いつつパートナーシップを組んでこそ、国土を守ることができるはずだ。イギリスでは、大地そして国土を守るためにナショナル・トラストが純粋な民間団体として1895年に創立され、今や110年を超えていることを、私たちは決して忘れてはならない。

（2009年記）

【注】
（1）筆者稿「ナショナル・トラストの成立（1895年）」埼玉大学『社会科学論集』第102号、2001年1月を参照されたい。
（2）筆者著『ナショナル・トラストの軌跡　1895～1945年』（緑風出版、2003年7月）68～69ページ。
（3）筆者著『イギリス植民地貿易史―自由貿易からナショナル・トラスト成立へ―』（時潮社、2017年6月）第3編第2章　イギリスの貿易政策と産業構造の歪曲化―農業部門との関連において―。
（4）The National Trust *Annual Report 2007/08-Our future-join in*, 表紙裏。
Tadahiro Yotsumoto, 'Visiting the National Trust-Nature Destruction and the National Trust' (unpublished, 2006.3) p.6.
（5）Graham Murphy, *Founders of the National Trust* (London, 1987) p.133、筆者訳『ナショナル・トラストの誕生』（緑風出版、1992年）196ページ。
（6）前掲著、17、85～86、180ページ。
　　筆者稿「第6章　ナショナル・トラストと地域経済の活性化―ナショナル・トラスト（イギリス）の農業活動と将来への展望―」『武蔵野をどう保全するか』（財）トトロのふるさと財団、1999年10月、67～82ページ。
（7）筆者著『ナショナル・トラストへの招待〔改訂カラー版〕』（緑風出版、2023年7月）、143～148、173～174ページ。
（8）この手紙は、当時のナショナル・トラストの農業部門のAgricultural Adviserのジョン・ヤング氏（元Committee for Walesの委員）からの1998年10月7日付けの私宛ての質問に答えたものである。
（9）上記の事情を詳細に知るためには、ナチュラル・イングランドのホームページ、（www.naturalengland.org.uk）を参照されたい。
（10）The National Trust: Whole Farm Plan-Cloutsham Farm-Holnicote Estate, p.23.
　　上記のナチュラル・イングランドのホームページによれば、とくに自然風景、野生生物あるいは歴史的名勝地にすぐれた地域を守り、かつ高めるための農業活動を行なう農民を奨励するために、1987年にEU政府によって導入された環境保全地域事業は2005年に停止され、現在は環境保全事業に代えられている。このEU政府およびイギリス政府と農民との契約期間は2005年から2014年まで継続され、その間、生垣を設置したり、整備したり、また石壁を修理したりする仕事などに対して、年1回補助金が支給される。現在のところイギリスには環境保全地域が22か所指定され、全国の農用地約10％を占めている。参考までにナショナル・トラストの場合、全所有地の80％が農村地帯であり、そのうちの80％

が農用地である。
　なおトラストとクラウトシャム農場との契約書はThe National Trust and the Kathy Stevens (tenant) and her partner David Greenwood-Agreement for tenancy of Clautsham Farm at Porlock in the County of Somerset from yearly from 2005.

第5章
イギリスの大地を守る
―― ナショナル・トラストの
オープン・カントリィサイドを歩く

はじめに

　資本主義社会の行く末を考えるには、経済学および経済史学だけでは不十分だ。本書の主題たるナショナル・トラスト運動を理解するためには、少なくとも19世紀後半から19世紀末までのイギリス経済社会の動きを正しく把握する必要がある。この間イギリス経済社会において、産業革命以降急速に生じた経済成長に対して疑問が生じつつあった。

　かかる状況下、産業革命以降の経済発展の諸力―すなわち科学技術、工業、外国貿易―に対して、いわば文化的防疫という考えが浮かび上がってきた。この知的防疫態勢が形成されたのは、主としてヴィクトリア朝時代（1837～1901年）の社会的変化のなかであり、それ以後、中層と上層階級の人々は、それによって農村主義的で、かつ懐古趣味的な傾向を持ち、それが今日のイギリス経済の活力と絡み合っている。そのような状況の下に、ナショナル・トラスト運動が、イギリスでいかなる重要な役割を演じているのか、あるいは環境保護運動において国際的な役割をどのように果たしていくのかが理解できるはずだ。

　このようなイギリスでの内部的な緊張は、イギリスが最初の工業社会であるがゆえに、工業進歩への抵抗が生じ、強まっていった。この運動が具体化するのは、19世紀末イギリス社会においてであるのだが、その事実は拙著『ナショナル・トラストの軌跡　1895～1945年』(2003年、緑風出版)の第1編「ナショナル・トラストの成立」を参考にされたい。

　19世紀イギリス自体、世界における近代化の先駆者であったがゆえに、イギリスが辿った道はイギリス独自の道であった。それゆえにイギリスの近代化に

は、ある程度の不完全さを伴うとともに、その後に尾を引く文化的諸結果を生みだした。かくして最初の工業国家イギリスにおいては、経済発展に対して抑制的効果を持った。しかし他の諸国の産業革命は、一部分は外部から到来し、その国の伝統的社会経済体制を破壊し、新たな社会経済体制を作り上げていった。他方、前述のとおりイギリスでは工業化は自生のものであり、したがって比較的容易に既存の社会構造に適応してゆき、その社会構造を激しく変革するほどのものではなかった。

むしろブルジョアジーと貴族階級とは、経済的に消極的な歩み寄りをしていった。貴族は、文化の主導権を維持し、その結果産業ブルジョアジーを貴族の姿に似せて変形させることに成功した。ヴィクトリア時代に、貴族は政治面では後退したが、心理的にはそれほど後退しなかった。貴族の産業資本家への譲歩は徐々になされたのであり、ブルジョアジーと貴族が同じ階層に立つには、ほぼ100年の歳月を要した。その結果ブルジョアジーが貴族に近づく限り、経済成長を刺激するのではなくて、かえって抑制する方向へと向かうことになった。

いわばイギリスの近代化には自己抑制が付きまとった。それゆえにイギリスの主要な特徴である工業の隆盛を拒否するような国家観が、イギリス人の間で次第に優勢になっていった。要するに爆発的都市成長型の初期には、注意が現在と未来に向けられたが、19世紀末になると新しいものとの釣り合いを正すために、あるいは現在の圧迫感からの救済を正当化するために、古いものが呼び出されたのだった。

例えばウィリアム・モリス（1834〜1896年）は、「過去に対する情熱」を明白に宣言し、過ぎた時代の人々と連続しているという感覚を大切にした。それから都市は我々を「富めるイングランド」にしてくれたが、かりに農村がなくなれば、都市は我々を我々の富の中で窒息死させるだろうと考えた。それから静かな田園という理想を忌まわしき現在に対置した。そしてこの理想は、過去または未来あるいはその両方にあるとした。

これに関連して2つのことが記された。第1は、現代社会は昔の半ばエデンの園からの堕落だ。第2は、未来の良き社会は資本主義の圧力から脱出し、複雑から単純へ、自然からの疎外ではなく、自然との調和へ、…移っているであろうというものだった。トレヴェリアン（1876〜1962年）は「農業は諸産業中の

単なる一産業ではなく、人間的、精神的価値の点で、独特のかけがえのない生活様式である」と論じた。

「あらゆる国民の歴史は、その国の政府が行為者となって起こしたできことよりも、むしろその政府をかくあらしめた国民性のほうに注目して書かれなければならない」（ジョン・ラスキン『ヴェニスの石』〈1853年〉）。

この言葉は、私が2013年8月5日、トラストの本部で理事長のヘレン・ゴッシュ女史と交わした会話のなかで発せられた言葉と同じである。それから「田園は永遠の価値観と永遠の伝統を代表する。我々は決してそれから離れてはならない」という考えも、私たちすべての考えであった。なお物事を真剣に考える者にとって、「農村をおろそかにすることは、国家の生命の源泉をおろそかにすることだ」ということも決して忘れてはならない。

イギリスの本質は農村的で伝統的だというイメージには、物質主義への不信感が付着しており、そのイメージと不信感が実業界にも影響を及ぼし、その結果現代の工業化したイギリスが魅力的でもなければ、まったく正しいわけでもないという心象をイギリス人に与えることになった。それゆえに既成の産業界にジェントリィ的傾向を与え、経済成長を追求する心を弱めたのである。

このように商工業への魅力が低下したのは、ジェントルマン的規範の優位性を反映していたのであり、その規範の一部は地主貴族に由来し、一部は専門職と官僚の台頭に由来したもので、19世紀の経過の中で確立された規範だったのである。このようにしてさまざまの理由から、現代のイギリスでは、他のどの国よりも産業界の実績が低く評価されることになったのである[1]。

以上ごく大まかではあるが、イギリスでナショナル・トラスト運動が成立し、展開されていった背景を当時のイギリス経済社会の動きに沿って描いてみた。かかる概略図をも心に描きながら、今後さらにナショナル・トラスト運動を深く理解するために、これからのフィールド・ワークをより慎重に行なうべく努めたい。2013年には7月28日から8月26日までフィールド・ワークを行なった。

1．レッド・ハウスへ

まずは7月28日、ロンドンの南郊外にあるケント州のレッド・ハウスを訪ね

ウィリアム・モリスが住んでいたレッド・ハウス（2013.7）

た。ロンドンのチェアリング・クロス駅から30分少しでベクスリーヒース駅に到着。15分の徒歩で着いた。レッド・ハウスは「芸術・工芸運動」の創始者であったウィリアム・モリスが創立し、ここに住みながら活動を行なったきわめて優れた建築学上および社会的な意義を有する建物である。邸内には、モリスとフィリップ・ウェッブによって設計された独創的な家具類が置かれ、エドワード・ルーシー・ジョーンズの壁画とステンドグラスも見ることができる。この建物は1860年に完成し、2003年にトラストによって購入された。邸宅を取り巻く庭園はそれほど広くはないが、果樹園や森林で落ち着いたたたずまいを醸していた。

2．レイブンスカーへ

　7月30日早朝、ロンドン・キングズ・クロス駅からヨークへ、スカーバラを経てバスでレイブンスカー（Ravenscar）へ。レイブン・ホール・ホテルで宿泊。

第5章　イギリスの大地を守る

レイブンスカーから見たロビン・フッズ湾（2013.7）

　部屋からはロビン・フッズ湾を一望。この地域が農業と観光が一体化していることは明らかだ。前年の5月、ロビン・フッズ湾の農場および海岸からレイブンスカーを眺めた距離より相当に近く見えるのは、天候のせいであろうか。干潮時ならば、海岸線を直接歩いて、あのトラストの沿岸警備署へ着けるかもしれない。ホテルの宿泊客は大部分が老人たちだ。数年前にイングランド東南部の沿岸を歩いたとき、いわば老人経済について真剣に考える必要があることを論文に書いたことを思い出す。ほぼ満員に近いディナーの時および部屋からロビン・フッズ湾の夜景がきれいに見えた。このホテルからどの道を取ってロビン・フッズ湾へ行くべきか、決められないままに就寝。まさに癒しの夜であった。

　7月31日朝、トラストのオフィスで、ロビン・フッズ湾へ行く道を尋ねる。教えられた道のいずれを我々夫婦が取るべきか決められないまま、鉄道の廃線を確認して、すぐの所にあるビュー・ポイントで晴天下、北海の絶景を堪能した後、高所にある歩道を取ることにした。距離は2.20kmとあるが、そのように短距離とも思えない。

無事着いた所は思いがけないところだった。老若男女の観光客が多かった。昼過ぎで満潮時であった。降りたところには波が押し寄せていた。前年この辺りを歩いた時は観光客と犬が遊んでいたから、その時は引き潮であったのだ。今度は満潮時だったから、砂浜がわずかに残されていただけだった。山積みされたテトラポットまでの砂浜はとても狭くなっている。この砂浜がこのまま残るのは時間の問題である。左側の建物の壁にはすでに波が押し寄せていた。疲れた足を引きずりながら急坂を登り切り、やっとウィットビィ行きのバス停まで行き着くことができた。

　この日はウィットビィに宿泊し、翌8月1日にはニューカースルに行き、ここからバスに乗ってシートン・デラヴァル・ホールを訪ねた。ここは2009年に購入されて修復中であり、周囲は農業用地に囲まれた179.23ha.の広大な大地である。その後再びニューカースルへ。ニューカースル駅からモーペスへ行き、ホテルに宿泊。翌日はここのバス・ステーションからトラストのクラッグサイドとロスベリィを経てスロプトンへ行くことにした。

　8月2日朝、モーペスを発車したバスはまっすぐクラッグサイドを通過する道に向かって走っていく。コケット川を左に見ながら走っていくと、クラッグサイドへの入口を発見する。まもなくするとロスベリィの町へ。このときはここを通過してスロプトンで下車。バス停の左側を流れるコケット川のすぐ向こう側にある丘からはモーペスの町はむろん、トラストのクラッグサイドも、ウォリントン・エステートも手に取るほどの距離にある。前日訪ねたシートン・デラヴァル・ホールもそれほど遠距離にあるわけではない。北海の沿岸にはトラストの海岸が連なっている。このように考えるとトラストの大地がイギリスの国土に広がっているのだと言っても決して過言ではない。

　バスを降りてコケット川に向かって歩いていくと、自宅の垣を修理していた紳士に会った。前述の丘が見える。晴天に恵まれたのは幸運であった。これらの丘と森林は、ウォリントン・エステートのハーウッド・フォレストに連なっている。聞くとこの紳士は、ここから歩いてハーウッド・フォレストを経て、ウォリントン・エステート・ハウスへ行ったと教えてくれた。私たちも2年前、ウォリントン・エステート一帯をトラストの車で案内してもらっていた。実はこの年もこの大地を再び歩くことを考えたのだが、考えをあらためて上述のよ

第 5 章　イギリスの大地を守る

地元の紳士にウォリントンへの道を尋ねる（2013.8）

うにしたのは成功だった。翌8月3日にはロンドンへ。8月5日にはスウィンドンの本部で新理事長のヘレン・ゴッシュ女史に初会見することになっている。

3．理事長ヘレン・ゴッシュ女史と初会見

　当日はロンドン・パディントン駅からスウィンドン駅へ。トラストの本部に着くと私たちはまずレストランで紅茶とスコーンを注文し、ゆっくりと落ち着くことにした。トラストの本部自体相当に大きく、かつ敷地も広い。すぐそばにはEnglish Heritage（英国遺産局）もあり、スウィンドンのショッピング・センターもある。本部には500人ほどのスタッフが常駐しており、訪問者も相当に多い。スウィンドンに対する経済効果も大きいはずだ。

　午後3時には約束どおり、自然保護担当理事（Director of Conservation）のピーター・ニクスン氏が私たちを迎えに来てくれた。同氏は理事長のヘレン・ゴッシュ女史を私たちに紹介してくれた。私自身、理事長に会見できたのは1985

新理事長のヘレン・ゴッシュ女史とともに（2013.8）

年以来4人目である。最初の理事長はサー・アンガス・スターリング氏で、1983年3月のことであるが、アンガス氏と手紙の交換を始めたのは1982年、ドーセット州のコーフ城がトラストへ遺贈されたことが、ある新聞で大きく報道されたからであった。それ以来、私とナショナル・トラストとの関係はほぼ毎年続いており、今日に至っている。私のトラスト研究の主たる目的は、ピーター・ニクスン氏が新理事長に正確に説明してくれた。私自身、今後は専らナショナル・トラスト研究に専念することを告げた。もちろんトラスト研究のためには、体力の許す限りイギリスに渡らねばならないし、トラストからのアドバイスも求めねばならない。新理事長との会見が終わったのは3時40分であった。これからも私のトラスト研究を援助していただくことをお願いして、本部を後にした。それからスウィンドンのバス・ステーションへ行き、ハイワースへ。この日はこの町のホテルで宿泊。

4．シャーボン村へ

　翌8月6日の12時30分にはピーター・ニクスン氏がホテルに私たちを迎えに来てくれることになっていたので、それまで時間の余裕がある。懐かしいコールズヒルとバスコットの町を再訪したかったのだが、それらの町でのトラストの活動を思い出しながらホテルの周辺を散策できたのは有益であった。

　この日はかつて私が数回にわたってフィールド・ワークを試みたシャーボン村とシャーボン農場を訪ねることになっていた。まずは午後1時にニクスン家へ行き、そこでランチをエンジョイ。奥さんは仕事で留守なので、ランチの準備をしてくれていた。午後2時にはシャーボン・エステート・オフィスへ。そこではすでに5名のスタッフが待機していた。すぐにミーティングを開始。プロジェクターでの写真説明もあった。ここ数年、この農場を訪ねていない間にいろいろな事業計画が進められていたのだ。ミーティングが終わると現場へ。シャーボン農場（320ha.）はかつて数回のフィールド・ワークを試みた農場だ。

5．シャーボン農場の生息地改良プロジェクト

　現場では、ウィンドラッシュ川とそこに隣接するウォーター・メドウズの生態系を改良するためのプロジェクトが行なわれていた。そこではマスの産卵を増やすための作業が行なわれていた。野生生物の保護を高めることこそ、最も大事な作業である。川では魚やその他の生物の保護を進めるための作業が行なわれていた。

　ウォーター・メドウズでは、水がひたひたに保たれていなければならない。それとともに下流の氾濫も抑えられるはずだ。もちろん渉禽類の鳥や湿地帯の植物がそこで安全に保護されなければならない。なお、かかる生息地のプロジェクトを首尾よく行なうためには、トラストだけでなく他の自然保護団体および政府関係機関とのパートナーシップによる協力が必須である。

　その後、私たちはロンドンに帰るためにケンブル駅へ向かう車の中で、トラストの所有地が国土の2％へ、そして海岸線が今やイギリスの海岸線の24.7％

ウィンドラッシュ川（レインジャーのマイク・ロビンソン氏撮影）

(1,197km) を占めるに至ったことなどについてニクスン氏と話し合った。この日のフィールド・スタディはまことに貴重であった。車中からコッツウォルズの自然風景を眺めているうちにケンブル駅に着いた。ピーター・ニクスン氏に感謝して私たち夫婦はロンドンに向かった。

6．スリンドン村へ

　8月13日にはチチェスター駅へ。念願のスリンドン村を歩くためだ。スリンドン・エステートの歩道の入口から歩いていくと犬を連れた村人に出会い、是非トラストのオフィスにも行くように薦められた。感謝して再び歩いていくと、スリンドン村の全風景が開けるところに出た。引き返してトラストのオフィスを訪ねることにした。

　私たちが会えたのはサウス・ダウンズ国立公園に所在するトラストの資産を管理しているステファン・ホア氏であった。ここのエステートは1,400ha.を含み、

第5章　イギリスの大地を守る

サウス・ダウンズ国立公園内にあるスリンドン村（2013.8）

スリンドン村のトラスト地を管理しているステファン・ホア氏と（2013.8）

ほぼこの村の3分の2を占め、この村の人口は約1,000人で、5人の借地農がいることなどを説明してくれた。村の風景から、ここの地域の再生の状況を垣間見た。再度この村を訪ねなければならない。ホア氏にペットワースも訪ねたいと言ったら、親切にもチチェスターへ車で私たちを連れて行ってくれた。この町からペットワースを通過するバスがあるのだ。

　この日にペットワースをも訪れることができるとはいかにも幸運であった。バス停へも連れていってくれたことに感謝しつつ、ホア氏と別れた。ペットワースに着くと、すぐそこが邸内への入口である。私がここを訪ねるのはこれで3度目だ。初めての訪問の目的はターナーの絵が数多くあることを確かめたかったからであるが、今度の訪問は、1971年と1973年のトラストの年次報告書のなかでペットワースを横切るバイパスの建設計画について書かれているからである。無論反対である旨が書かれているのだが、その後この計画が強行されたのかどうかを質問するためにここに来たのだが、運悪くその機会を摑めなかった。

　さてロンドンに帰るために私たちはプルバラ駅へ。無事ロンドン・ヴィクトリア駅に着いた。

7．ピーク・ディストリクトへ

　強行軍だが、翌14日にはピーク・ディストリクトへ。かつて何回か歩いたことがあるピーク・ディストリクトの自然を再び体感するために、ロンドン・セント・パンクラス駅へ。ダービィ駅で乗り換えて終点のマトロック駅へ。ここからバスでベイクウェルへ。1時間ほど休んでカースルトン行きのバスに乗った。このバスはシェフィールド―マンチェスター間の鉄道へ向かって北上する。やがてロングショウ・エステートが左側に現われる。ここは1,000ha.のウォーキングに最適の大地である。ロングショウを歩いたのは2002年3月のことだ。私たちのバスはやがてカースルトンに着いた。宿は決まっていない。かつて宿泊したトラストの借地農が経営しているB&Bに電話したのだがいっぱいだ。他のB&Bを見つけて、この日はここに宿を取った。翌日はマム・トーを越えてイーデイルの駅へ降りる予定だった。ところがもうこのバスは走っていない。

　翌朝、ホープ駅からマンチェスター駅へ。イーデイル駅を通過すると懐かし

風景式庭園として有名なストアヘッド（2013.8）

いキンダー・スカウトが眼前に現われる。山頂からの眺望は素晴らしい。マンチェスター駅に着いてリヴァプール行きの列車に乗る。拙訳書『ナショナル・トラストの誕生』の著者グレアム・マーフィ氏に会うためだ。翌16日には湖水地方へ。癒されて17日にはロンドンへ。

8．再び名園ストアヘッドへ

　18日には、かねて予定していた1,074ha.を有する名園ストアヘッドを訪ねることができた。ここには1985年の秋に訪ねたことがある。その思い出はいくつもある。
　あの日は快晴に恵まれていた。特に湖畔からの黄葉の景色には心を洗われる思いがした。湖畔の芝生に座ってしばらく考えた。私自身、私の故郷鹿児島県の志布志湾が風前の灯火になりつつあった時にイギリスへやってきたのだ。癒しの地にありながら、日本の国土が危ないと考えるのは、なんとしても哀しいことだ。

今度は夏季であったが、このストアヘッドの美しさは少しも衰えていない。むしろ向上しつつある。邸内にも入り、農業用地をも歩いてみた。全体が均衡のとれた美しい countryside landscape をなしていた。私たちは満足した。前回はロンドンへ帰るのに、ギリンガム駅へ行くバスを利用できたが、この日は運行していなかった。タクシーを使わねばならなかった。それでも私たちは満足して、ロンドン・ヴィクトリア行きの列車に乗り込んだ。

9．ハニコト・エステート・オフィスへ

　8月19日には、ハニコト・エステート・オフィスを訪ねるために、ロンドン・パディントン駅からトーントン駅を目指した。この駅に来るバスでマインヘッドへ。それから再びバスに乗ってオフィスへ。

　今回は特別の目的があって訪問するわけではなかった。これまで何回もインタビュー、その他で大変貴重な指導を受けたヘスター氏に会うためだ。彼も来年は定年でトラストを退かねばならない。その前に会っておきたい。そのように思った私たちは何の連絡もせずにハニコト・エステート・オフィスへ向かった。予想どおり留守であったが、しばらくすると帰ってきてくれた。格別な用事があるわけではなく、雑談に近かったが、ナショナル・トラスト運動などについて話しているうちに9月13日には新理事長が来訪すると言う。なお彼はトラストの庭園以外に好きな庭園として、ヘスター・クームを挙げた。

　その日はポーロックに宿泊。翌朝トーントンに向かった。ヘスター・クームを訪ねるためだ。トーントンに宿泊するのは初めてだ。タクシーで行くことにした。ここでトラストの庭園と民間の庭園とを比較するのは、私には困難だ。

10．コーフ城とスタッドランドへ

　翌日はコーフ城（3,238.1ha.）を訪ねることにしていた。私たちの列車はドチェスターを通過する。この町のいずれかの病院で旧知のヒッグズ氏が手術をするはずだ。成功することを祈った。まもなくしてウェイマスに着いた。ここは有名な海浜都市だ。人々でごった返している。ここでランチを済ませ、ウェア

第5章　イギリスの大地を守る

トラスト研究の契機となったコーフ城（2013.8）

ラム（Wareham）駅に停車する列車に乗り込んだ。次はバスでコーフ城へ。コーフ城は私のトラスト研究を始めさせたトラストの資産の一つだ。ヒッグズ家の人々がよく私をCorfe Castle manと呼ぶほどに、ここには何度も訪ねている。ここに宿泊するのは初めてだが、どこもいっぱいだ。トラストのスタッフが運良く私たちの泊るB&Bを見つけてくれた。

　一休みしてバスでスウォニッジへ。ここからトラストのCorfe Castle Estateの海岸地スタッドランドへ。悲しいかな！ここも前年以上に海面上昇が進んでいる。地球温暖化と海面上昇は自然現象だけでなく、人為によるところも大きいはずだ。

　科学技術の向上と利用、そして経済成長を無批判的に進めるならば、私たちの大地を荒廃させることになる。例えば1994年1月、志布志湾の柏原海岸の浸食状況を撮影してから、帰郷するたびに撮影した証拠写真を持っている。確実に志布志湾の浸食状況は悪化の一途を辿っている。それに今でも公共事業も進捗中だ。暗い気持ちを胸にロンドンへ。

このような暗い気持ちを抱きながら帰国したくはなかった。8月24日にはウィンポール・エステート（1,988.71ha.）に行ってみよう。ここは1985年に訪れたこともある。カントリィ・ハウスと庭園や農場など、私たちの気持ちを癒してくれる大地だ。ここには住民のための家庭菜園（allotments）もある。8月26日に無事帰国した。
（2013年記）

【注】
（1）これまでの記述はMartin J. Wiener, *English Culture and the Decline of the Industrial Spirit, 1850〜1980*, マーティン・J・ウィーナ著、原剛訳『英国産業精神の衰退―文化史的接近』（勁草書房、1984年）を参考にした。
（2）Lydia Greeves, *Houses of the National Trust*（National Trust, Revised edition, 2013）

第6章
地域経済の健全化を求めて

はじめに

　ナショナル・トラストは、今やトラストの所有地を永久に、そしてすべての人々のために守り、育てるために日々活動を続けている。

　思い起こせば、ヴィクトリア王朝（1837〜1901年）の末期、イギリスが繁栄の絶頂期にあった頃、都市がその触手を伸ばし、田園地帯を飲み込むのを見ていたのは、トラストの創始者3名だけではなかったが、このような人々がナショナル・トラストに結集していったのだ。トラストが田園地帯に眼を凝らし、そこを都市化から救おうとしたことは正しかった。

　トラストの目標は田園地帯を再生し、そのためのリーダーシップを発揮することだ。そのためには自然遺産と文化遺産の存在価値をトラストの会員、支持者ばかりでなく、国民一般に正しく理解してもらうために、各学校とも連携しつつ、野外教育と生涯教育に熱心に取り組んできた。

　さて本書でも紹介してきたように、トラストの運動は1895年成立以降、着実に成長しつつ、かつ年を重ねるごとに貴重な体験を積み重ねてきた。これこそナショナル・トラストがナショナルであり、かつトラストである所以だが、そうである限りトラストは今後も成長していくはずだ。(1)

　トラストの動きを見ると次のとおりだ。2009年には360万人の会員、約25万4,000ha.の土地、1,141kmの海岸線、約350のカントリィ・ハウスや古代の遺跡などを所有し、管理してきた。5年後の2014年に至ると、会員数は410万人へと増加し、海岸線は1,197km（全海岸線の24％）、土地所有面積は25万7,000ha.以上（全国土の2％）を、そしてカントリィ・ハウスや古代の遺跡などは350以上

を所有し、管理するに至っている。それに2012/13年度の年次報告書によれば、ナショナル・トラストの会員数を2020年までに500万人へと増加させると宣言している。(2) スコットランドを除くイングランド、ウェールズ、北アイルランドの人口を約5,800万人と考えれば、イギリスの人口に占めるナショナル・トラストの会員数の比率は、ほぼ１割に相当する。イギリスに相当な影響を及ぼすことは間違いない。私自身、近年このことを考え続けてきた。

　「あらゆる国民の歴史は、その国の政府が行為者となって起こした出来事よりも、むしろその政府をかくあらしめた国民性のほうに注目して書かれなければならない」とはラスキンの言葉だ。この趣旨の言葉は、2013年８月５日トラストの本部で理事長のヘレン・ゴッシュ女史が発した言葉と同じだ。翌６日には、自然保護担当理事のピーター・ニクスン氏とともにコッツウォルズのシャーボン村を訪ねた。ここは1993年、トラストで初めて、いわゆる持続可能な農業を開始した農場である。フィールド・スタディを成功裡に終えて、ロンドンに帰るためにケンブル駅へ向かう車中、私はニクスン氏へ次の段階（the next stage）とトラストの関係について質問してみた。私自身、次の段階を一応社会主義段階を指して言ったのだが、氏自身、この言葉を解せなかったのか、'What is the next stage？' という言葉が返ってきた。このとき私自身、これ以上話を進めることをしなかった。次の機会には、しっかりと準備を整えて質問してみようと考えたからである。

　以下、簡略に2014年現在、理事長のヘレン・ゴッシュ女史の言葉を引用して、ナショナル・トラストが今後いかなる方向へ向きつつあるかを見てみよう。

　女史は、トラストのほぼ120年の歴史に支えられながら、現在トラストへ向けられている各種の挑戦に向き合っていることに触れつつ、次のように述べている。「私は執行委員会の代表として、ナショナル・トラストの将来の方向性について理事会で議論し、そして私たちの会員とのコミュニケーションをより有効に果たし、内部の組織を簡素化し、かつトラストの資産を改良するために、なお一層努力することに努めてきました。私は直接に、職員、ボランティア、支持者そしてトラストを訪ねてくる人たちに会い、これらの人々が、私たちの守っている大切な大地を本当に大事に思っていることをあらためて知りました。国民が、私たちの国土を愛し、育てることこそ、ナショナル・トラストの義務なのです」。(3)

第6章　地域経済の健全化を求めて

　ここで注目すべきは、トラストがトラストの野外の資産に、より一層焦点を絞ってきたということ、すなわちトラストを訪ねてくる人々を農村へいざなってきたということである。国民が地域と自然を大切に思う心を育てることこそ、トラストの戦略的な狙いであることは何度も述べてきた。農業と生物多様性が両立しなければならないことも当然である。それから資本主義経済下、ナショナル・トラスト運動が成功裡に行なわれるためには、財政状態が持続可能的に健全でなければならない(4)。

　それでは上記のことを考慮しながら、2014年9月1日から9月30日までトラストの資産を訪ねたときの私の体験を記してみたい。

1．ドーヴァーのホワイト・クリフスへ

　9月1日、ヒースロー空港に到着。ロンドンに滞在している間に、すでに訪ねたところやまだ訪ねていないところを歩いてみた。言うまでもなくこの辺りはロンドン近郊地であり、イギリス政府によるグリーン・ベルト政策の範囲内にある。これこそ私たちの癒しにも欠かせない自然風景である。

　そこで今度は、ロンドンを離れて農村地帯へ歩を進めることにしよう。ロンドンの滞在期間5日目の9月5日は、チェアリング・クロス駅からドーヴァー・プライオリィ駅へ。午前中に到着し、バス・ステーションへ。ここからドーヴァー城を経て、ホワイト・クリフスへ。目指すはまずボックヒル農場へ。1986年1月にここを訪ねたことがあるが、このときはこの農場を訪ねるのが目的ではなかった。ここに行き着けばホワイト・クリフスの全貌を摑めると考えたからだ。1986年にこの農場を訪ねたときは快晴で、イギリス海峡のパノラマだけでなく、フランスの海岸も遠くに見渡すことができた。今回は曇っており、フランスの海岸までのパノラマを楽しむことはできなかった。しかしそれでもボックヒル農場に隣接する the Leas からホワイト・クリフスを一望できた。それにトラストのビジター・センターとサウス・フォアランドの灯台までのほぼ8kmをつなぐウォンストン農場（12.29ha.）を募金額120万ポンドで獲得できた事業をこの目で見ることができたのは幸いであった。望むべくはあの急坂にあるウォンストン農場を歩きながらドーヴァーの街へと下りていきたかったのだが。

2．デヴォンシァ南部の海岸線を行く

　2014年9月8日、デヴォンシァ南部のサルカムに近在するボルト・ヘッドとボルト・テイルを訪ねる日がやってきた。これらの岬は早くも1930年代に獲得された海岸地だ。現在ではこれらの岬はつながっている。ここを踏破したかった。まずはサルカムを目指そう。ロンドン・パディントン駅を出発したのは午前9時で、トットネス駅に着いたのは12時であった。運よくキングズブリッジ行きのバスに乗車。ここで乗り換えてサルカムに到着。ここのB&Bに2泊してボルト・ヘッドとボルト・テイルに立つ準備をした。午後3時過ぎにはボルト・ヘッドへ向かう。途中、オーヴァベックスには寄らず先を急ぐ。ここからはサルカム湾の対岸の美しい景色を堪能。ここもトラストの所有地が多いが、プロール・ポイントも眼に収めた。歩道を進むうちに牧場で牛たちがのんびり休んだり、草を食んだりしている。やがてボルト・ヘッドが視野に入ってきた。ここからもプロール・ポイントの景色を楽しむ。絶景だ。もう少し進むと、ボルト・ヘッドだ。急峻な断崖だ。夕方に近い。ボルト・テイルへ向かう若者も

第 6 章　地域経済の健全化を求めて

サルカム湾の美しい景色を堪能できるボルト・ヘッド（2014.9）

いたが、私たちはサルカムのB&Bへ帰ることにした。ボルト・ヘッドとボルト・テイルの両岬は、サルカム港とホープに挟まれており、442.6ha.（1997年現在）の崖地と農場からなっている。オープン・カントリィサイドの息吹が伝わってくるようだ。

　翌9日は、いよいよボルト・テイルに立つことにした。サルカムのバス・ステーションを午前9時30分に出発したバスをマルバラで下車。ここから歩いてアウター・ホープへ。そこのホテルで一服し、インナー・ホープを経て、ついにボルト・テイルに立つことができた。その後ボルト・ヘッドに向けて歩道を3kmほど登って行っただろうか。私たちは引き返して、再びボルト・テイルへ向かい、そこを降りていき、インナー・ホープのホテルで休みマルバラ行きのバスを待つ。首尾よくバスが来て、マルバラに着く。今度はサルカムへ行くバスを待たねばならない。待つ間に、すぐそばの生協で買い物をして、この夜の食事はこれらで済ますことにした。私たちはボルト・ヘッドとボルト・テイルの両岬に立つことができたことに満足していたが、必ずしも十分に満足してい

サルカム港とホームに挟まれた念願の地、ボルト・テイル（2014.9）

たわけではなかった。先にも述べたように両岬に挟まれた村落地の息吹を嗅ぎたかった。地域の再生こそはナショナル・トラストの戦略だ。農業と生物多様性、そして歴史的遺産と自然的遺産。これらこそ私たちの命を育み、癒してくれるのだ。

　ところでサルカムを起点にボルト・ヘッドとボルト・テイルを訪ね、ロンドンに帰りつくまでの3日間の道程は、私にとって初めての道のりとは考えられなかった。ここは私には何年もの間、連続した大地として息づいていた。だからボルト・ヘッドとボルト・テイルも、私のなかではこの辺りの村や町、そして自然遺産は、点と線および面として連なっていた。もし私が見知らぬ人たちに話しかけ、ナショナル・トラストについて尋ねれば、必ず彼らの思いを私自身、正しく理解できたであろう。これらの気持ちを抱いて私たち夫婦は9月10日、サルカムのバス・ステーションを9時30分に出発、キングズブリッジへ。ここからいよいよダートマスへ。ここはこれまで対岸のブリクサムからキングズウェア（16km）を何回か歩いたのち、休息を兼ねてフェリーで渡った街で、

旧知の都市だ。だがここに泊まったことはない。この日はここに宿泊することにした。

　翌11日には、推理作家であるアガサ・クリスティと彼女の家族の休日のためのグリーンウェイを訪ねてみよう。建物は瀟洒で、それほど大きくもない。それにグリーンウェイの木陰から見えるダート川の景色も私にはお気に入りの風景であった。再びフェリーでダートマスに帰り、今度はキングズウェアへ渡ることにした。今回は、キングズウェアからブリクサムへの入口を確かめただけだったが、ブリクサムへ歩いて行く途中、遠くにスタート湾を何回も眺め、いつの日か歩きたいと渇望したことが何回あっただろうか。しばらくしてキングズウェアのバス停へブリクサム行きのバスが来た。漸くブリクサムのホテルで落ち着くことができた。翌12日、午前中にバスでペイントンへ。ロンドン・パディントン駅に着いたのは午後3時頃であったろうか。この日は宿泊所を決めていなかったので、パディントン駅近くのホテルに投宿。13日と14日は常宿へ。

3．キングストン・レイシィへ

　15日は、ドーセットシァのキングストン・レイシィを訪ねることのできた記念すべき日となった。300年以上にわたるバンクス家のこの邸宅は、1982年にトラストの守るべき館となったのだが、同時にあのコーフ城もトラストへ遺贈されたのであった。この邸宅の面積は3,443ha.、コーフ城の有する所領は8,000ha.である。コーフ城については、海岸や農業用地などを含めてほぼすべてを歩いていたが、キングストン・レイシィだけは訪ねていなかった。

　15日は晴天にも恵まれ、ロンドン・ウォータールー駅へと急いだ。プール駅に着いて、バス・ステーションへ行き、ウィンボーン・スクウェアに到着。ここからタクシーでキングストン・レイシィへ。300年以上の歴史を有する堂々たる邸宅までは、入口から歩いて15分ほどで、周囲は牛や鹿などがのんびりと草を食んだり、横たわったりしている。邸宅に入ったが、ちょうどガイド付きのツアーが出発したばかりなので、1時間待たねばならないとのこと。諦めて外に出る。とてつもなく広い。歩いているうちに日本庭園もあった。周囲にはいくつもの歩道があり、家畜がゆったりと群れている。ここはトラストが管理・

完璧に復元されたキングストン・レイシィは何よりも美しい（2014.9）

運営している最大の所領の1つで、11の農場と3つの村と、パブも2つある。だから数時間ですべての場所を歩けるわけがない。それにここから2kmほど北西のほうには鉄器時代の要塞であるバドベリィ・リングズもある。そこへはとても行けそうもなかった。とにかく私のナショナル・トラスト研究の動機となったところに訪ね着いたことに満足しなければなるまい。この日のうちにウォータールー駅に着き常宿へ。とにかくキングストン・レイシィを歩いてみようという自らの胸にわだかまっていた気持ちが幾分薄れたことに満足しよう。

4．ダナム・マッシィ、そしてフォーンビィへ

翌16日は、ロンドン・ユーストン駅からマンチェスター・ピカデリー駅へ。ここからオルトリンガム駅へ。そしてここからバスでカントリィ・ハウスのダナム・マッシィへ。ちょうど門前で停車。ここは鹿も群れており、相当に広い。ここから南のほうへは同じく広大なタットン・パークもあり、東のほうにはク

第6章　地域経済の健全化を求めて

100年前の陸軍病院が再現されていたダナム・マッシィ（2014.9）

ォリイ・バンクもある。これらはマンチェスターとリヴァプールに近い。グリーン・ベルト政策の大切な緑地帯をなしているはずだ。しかし今回の訪問はこれとの関連を中心に考えるために来たわけではない。ダナム・マッシィは2014年が第1次世界大戦開戦から100周年でもあり、3月1日から11月11日までは、当時の陸軍病院が再現されていた。

　この日は再びマンチェスター駅へ戻り、ここからリヴァプール・ライム・ストリート駅へ。この日はリヴァプールに宿泊。翌17日にはリヴァプール・セントラル駅からフレッシュフィールド駅へ。ここから歩いてフォーンビィ・サンズへ。ここには何回か来ている。砂丘がどの程度浸食されているかを確かめるために来たのだが、浸食の程度は改善されてはいない。砂丘を歩いてから松林の中へ。しばらくするとアスパラガスが栽培されているところに出会い、感心したものだ。方向を変えて林の中を歩いていくと、今度は赤リスの保護されているところに出た。癒されて、フレッシュフィールド駅へ。

浸食されつつあるフォーンビィ・サンズ（2014.9）

5．北アイルランドへ

　20日には北アイルランドへ行かねばならない。かなりハードだ。ベルファストへ向けて飛行機が飛び立ったのは12時頃だ。着いたのは午後1時であった。ベルファストのホテルに落ち着いたのはもう午後6時を過ぎていた。

　21日にはベルファストの近郊にあるディヴィス・アンド・ザ・ブラック・マウンティンズを訪ねた。ここは馬や牛などの家畜を飼育する農場でもある。ベルファストの素晴らしい風景と、対岸のスコットランド、マン島、そして湖水地方を目にすることができる。

　22日にはバスでニューカースルへ。ここは2001年、口蹄疫の年に訪ねたところだ。この日は市内の循環バスでマーロック・ネイチュア・リザーヴの入口で下車。ここも2001年には口蹄疫のために'closed'であった。ここに至り、ナショナル・トラストがいかに口蹄疫に敏感に応じていたかを知った次第だ。他

第 6 章　地域経済の健全化を求めて

砂丘とヒース地からなる国立自然保存地のマーロック・ネイチュア・リザーブ（2014.9）

のカントリィ・ハウスも'closed'だった。何故か。カントリィ・ハウスも大地と一体になっているからだ。私自身、これを機会に工業化と都市化、そして農業の衰退と地域の衰退が緊密につながっていることを思い知った次第である。

　この国立自然保存地は282ha.（1997年現在）の面積を有し、砂丘とヒース地からなり、多くの興味深い動植物および考古学上の資料を含んでいる。私たちはまずヒース地に分け入り、次に砂丘へ至る歩道があったので、砂浜へ入っていった。ヒース地と砂丘を見入りながら、ついにはニューカースルの砂浜へ着いた。この自然保存地から見るニューカースルの市街地を含むモーン山脈の容姿は絶景であった。それにモーン山脈の一部はトラストの大地であり、ここのアイルランド海には2kmだが、トラストの沿岸歩道もある。

　24日には列車を利用して午前11時にはジャイアンツ・コーズウェイへ。午前中に着いた。2度目の訪問だ。2004年にも訪問したが、今度の訪問の目的は、近年新しいビジター・センターが完成したことを知ったからである。確かに訪問者の数を見ると2012/13年には34万795人で、2013/14年には50万4,405人と大

幅に増えている。これはすでに世界遺産に指定されており、わが国はもちろん、国際的にも知られているから訪問者が増えたと考えてよいかもしれない。ただ私としてはこのビジター・センターが新たに建設され、稼働し始めており、建物の写真も見ている。そこで北アイルランドを訪ねるのを機会に、かつてフィールド・ワークを行なったジャイアンツ・コーズウェイと現在のそれとを比較検討したかったからだ。ジャイアンツ・コーズウェイに着くや、私たち夫婦はまずビジター・センターを確認してからコーズウェイ・ホテルへ直行、運よく宿泊できた。ここはトラストの'Bed&Breakfast 2014'にも紹介されているから、宿泊代もリーズナブルである。折角遠隔地の世界遺産に来たのだから再びフィールド・ワークするために、外に出た。ビジター・センターはすぐそこだ。建物は大規模に見えるが、世界遺産でもあり、将来を見越してのことだろうか。説明によれば、ここは最新式インテリアなどを備え、風景と一体となるように建設された画期的な施設だとある。高いエネルギー効率を実現し、数多くの展示エリア、緑化された屋上部、コーズウェイの海岸を見渡せる360度の視界が特徴的だ。

　私たちはここのカフェテリアに入りたかった。ここに入るには入場口を通らねばならない。当然ここでセンターに入るための入場料を払わねばならない。ショップも然り。そのうえにトイレもこのセンター内にあるから、同じく入場料を払わねばならない。私はすでにコーズウェイ・ホテルのトイレを使っていたから、このビジター・センターのトイレを使うことはなかったが、このセンター内のカフェテリアは利用した。なおコーズウェイ・ホテルのトイレは誰でも使えるそうだ。以上簡単にここのビジター・センターに関する私のコメントをアンケートとしてここのスタッフに手渡した。さすがにナショナル・トラストだ。ジャイアンツ・コーズウェイからの返事が、私のE-mailに届いていた。トラストの誠意は認めるが、私のセンターへの批判を含む疑問点がすっかり解消されたわけではない。今でもあの大きな建物の中で、カフェテリアとショップ、そしてトイレだけは無料として建て替えることはできないかと考えている。さて25日、ジャイアンツ・コーズウェイからベルファストへの帰路はバスを使った。3時過ぎには帰着した。

　翌26日はロンドンへ。今回もかなりきつい旅程だった。27日にゆっくりして

第 6 章　地域経済の健全化を求めて

から、ハムステッドのフェントン・ハウスへ。28日にはオスタリー・パークを再訪。29日にはクランドン・パークを訪ねてみた。ここはクランドン駅から1.6kmだから遠くない。最初の訪問は1985年だから29年ぶりだ。邸宅は休館だった。レストランとショップ、そしてオープン・スペースは開放されている。ウォーキングを十分にエンジョイしながら、トラストの境界地内にある農場と思い込み、二人いた婦人に話しかけてみた。クランドン・パークの借地農でも農業労働者でもなかった。しかし彼女たちがナショナル・トラストに信頼を寄せていることは容易に見て取ることができた。この日が滞英生活の最後の日であった。9月30日はロンドン・ヒースロー空港発。10月1日、無事成田から帰路に着いた。
(2014年記)

【注】
（1）筆者著『ナショナル・トラストへの招待［改訂カラー版］』（緑風出版、2023年7月）、第 2 章　ナショナル・トラストの成立、pp.37～50.
（2）National Trust *Annual Report 2012/13*（National Trust）p.21.
（3）National Trust *Annual Report 2013/14*（National Trust）p.3.
（4）ナショナル・トラストの財務方針については、*Ibid.*, pp.32-54.

第7章
community allotments（地域集団を再生するための家庭菜園）を訪ねて

はじめに

　国家ではなく、国民に立脚した自然保護団体であるナショナル・トラストの目的は、第1に、広大で自然豊かな大地を所有し守り続けること、第2に、歴史的に由緒ある建築物などを守ることにある。そこでまず第1に、トラストがいかにして地方および地域ないしは田園地帯を守りつつあるのかを実体験するために、2015年の滞英期間（8月24日～9月24日）のできるだけ多くをこの目的に充てることにした。残念ながらいずれの国でも、工業化と都市化は依然として続いている。それ故に都市および郊外の肥大化は資本主義経済社会が続く限り無限に続かざるをえない。それ故にこそイギリス政府がロンドンを含め14都市にグリーン・ベルトを設定しているのである。そこでまずトラストの資産が、首都ロンドンの都市化および郊外の肥大化を阻止するためにどれほど役立っているかを見ておく必要があると考えた。

　2015年8月26日にはロンドンの西方、レディングに近いフィンチャムステッド・リッジズを訪ねることにした。ここは1913年に25ha.が一般の人々によって購入され、今では55ha.の森林地とヒース地からなっている。ここは標高332フィート（約100m）のところにあり、森林に囲まれている。クローソーン駅からここに着いてしばらくすると車が止まり、男女2人が降りてきた。夫らしき初老の男性の話によると、ここは百年前に購入され、自分は現在トラストへ寄金を提供して、ここの地元民たちでフィンチャムステッド・リッジズを維持・改良しているとのことであった。これを機会にトラストがイギリスの都市化および郊外の肥大化をどれだけ阻止するのに役立っているかを見ておきたかった。

1．コミュニティの再生―アングルシィ・アビィとハッチランズの家庭菜園（allotments）を訪ねて

　いつの年だったか、ロンドン・チェアリング・クロス駅からロンドン南郊のペッツウッドの森や農場を歩くために午前中の電車に単身で乗っているときであった。隣の席に座っていた初老の夫妻がロンドンをわずかに通過し、グレーター・ロンドンに入った頃であった。この辺りはイギリス政府によってグリーン・ベルト政策が実施されているところだ。しかし政府による厳しい取り締まりにもかかわらず、時に法律を犯して住宅が建てられているとのことであった。見るとほとんどすべての住宅が同じ様相をしており、日本人の私にはアメニティが壊されているようには見えなかった。それでもここがナショナル・トラストの土地ならば、住宅が建てられるはずがないのだがと考えたものだった。

　翌8月27日にケンブリッジの北東10kmほどのところにあるアングルシィ・アビィを訪ねることにした。ここはケンブリッジのバス・ステーションから出発し、Lode Crossroadsのバス停で降りるとすぐだ。邸宅のアングルシィ・アビィから歩いて5分ほどで家庭菜園に着いた。ここは28の家族が管理し、その他4か所にここの地域社会（community）が共同で管理するレクリエーション用地もある。このカントリィ・ハウスは約205ha.を占めており、訪れた日が休日でなかったためか、家庭菜園では誰にも会えなかった。それでも壁に沿って作られた家庭菜園を自由に見て回れたのは幸運だった。

　翌28日にはハッチランズ・パークに行くことにした。このカントリィ・ハウスの面積は約171ha.である。ここに行くのにロンドン・ウォータールー駅から出発して、ホースリィ駅で降りるべきか、それともかつて知っているクランドン駅で降りるべきか、大いに迷った。迷った挙句にホースリィ駅で降りたのが大いに幸いした。駅で降りるやタクシー事務所らしきところに駆け込むと、そこはタクシー事務所ではなかった。しかし幸運にも中年の女性が居た。ハッチランズ・パークの名を挙げるや、自分の車で連れて行ってくれると快く言ってくれた。車はハッチランズに向けて走り出した。走りながら、近くに所在する18世紀の邸宅であるクランドン・パークがこの年4月29日に火災にあい、そこの宝物はすべて焼失したことを話してくれた。私は2度、この邸宅を訪ねたこ

第7章　community allotments（地域集団を再生するための家庭菜園）を訪ねて

アングルシィ・アビィの家庭菜園（2015.8）

ハッチランズ・パークの家庭菜園（2015.8）

とがある。機会を見つけ次第、そこを訪ねると彼女に話した。そうするうちに目指すハッチランズ・パークに到着。彼女へ心からの感謝の気持ちを込めて別れを告げた。ここから邸宅まではそれほど遠くはなかった。幸いに事務所の男性スタッフに会えた。ここの家庭菜園の広さは1.2ha.で、28家族がここの家庭菜園を利用しているとのこと。この菜園は敷地の片隅にあり、壁に沿ったところにある。これは前日に訪ねたアングルシィ・アビィの場合も同じだ。ハッチランズの場合、2011年9月に28家族のうちの1家族が、トラストの家庭菜園のうち1,000番目の家庭菜園を持つことができたという。

　それにこのハッチランズの家庭菜園はもっと広いコミュニティづくりにも励んでいる。「我々は東および西ホースリィにある地元民の園芸組合である'グレイス＆フレイヴァ'とパートナーシップを組んで働いている」。「この計画は、地元民のための食べ物を作ることを目指し、この土地の壁に沿った1.2ha.の庭を生き返らせたのだ」。「残りの生産物はこの村の店で売られ、作物の10％は新鮮な野菜を手に入れられない地元の人たち（community）にあげるのだ」[1]。今やこの地ではコミュニティ精神が大きく育ちつつある。事実、すでに2008年にはハッチランズの地域社会のために'Grace & Flavour Community Garden'が誕生したのだった。そしてこのプロジェクトを推進するためにトラストばかりでなく、農水省（Defra）および地方自治体であるギルファド市も協力してくれている。

2．キングストン・レイシィへ

　ヘンリー・R・バンクス氏（1902〜81年）がドーセット州のキングストン・レイシィを含めてコーフ城をナショナル・トラストへ遺贈したのは1981年のことであった。このことについては、私のトラストに関する最初の小論「王党派コーフ城とナショナル・トラスト」（埼玉大学『社会科学論集』第51号、昭和58年3月）に不充分ながらも掲載されているので、それを参考にしていただきたい。バンクス氏が死に際して、トラストへ遺贈したのは総面積6,500ha.であり、コーフ城をはじめスタッドランドは約3,000ha.を占める。かつて王党派であったコーフ城が市民革命の結果、議会軍によって廃墟にされたことは、今では多く

第7章　community allotments（地域集団を再生するための家庭菜園）を訪ねて

キングストン・レイシィ

の人々に知られているはずだ。

　上述のごとく、バンクス氏が死去に際して、ナショナル・トラストへ全資産を遺贈した。そのときまでにキングストン・レイシィの庭園は大部分がジャングルのように化してしまい、邸宅は屋根から雨が漏れていた。トラストは遺贈を受け入れると、早速復元と修復に取りかかった。キングストン・レイシィは魅力ある美しい庭園と広大なパークランドに囲まれることになった。コーフ城も然りである。

　2015年8月30日、良い天候に恵まれた私たち夫婦は、周囲数マイルを支配するビーコンと言うにふさわしいバドベリィ・リングズに直行し、ここでタクシーを降りた。このバドベリィ・リングズを十分にエンジョイした私たちは、次にキングストン・レイシィの北側にあるキッチン・ガーデン（家庭菜園）に向かった。実は私のこのときのキングストン・レイシィへの訪問の主な目的は、ここのキッチン・ガーデンを実際に見ることだった。資本主義の過程でコミュニティが消滅していくのを見るのは本当に悲しい。トラストがコミュニティを

キングストン・レイシィのキッチン・ガーデン（2015.8）

再現するために努力している現場を見てみたい。このような気持ちを抱きながらキッチン・ガーデンに着くと、この日は日曜日だったためであろう。管理人もおり、この家庭菜園に自由に入ることができた。見学者は相当の入りで賑やかであった。この家庭菜園は、すでにヴィクトリア朝時代（1837～1901年）に、ここの邸宅用に新鮮な果物や野菜、花を供給するためにつくられていたのだった。そのうえに邸宅用だけでなく、ウィンボーンやボーンマスの市場に出すために生産物を荷馬車に乗せて運んでいたという。

　トラストがキングストン・レイシィを獲得した時には、もうこの家庭菜園は雑草の生い茂った廃園になっていた。家庭菜園に必要な備品でも使い物にならない有様だった。トラストはこの土地を手に入れると、community allotments（地域集団を再生するための家庭菜園）を修復するための作業を開始した。allotmentsを利用できるようになると、コミュニティを再生するために118の小面積に分けて、今ではトラストのレストラン用の食物も作っている。

　なおここの家庭菜園を育てている家族は、地元の住民や学校のために、食物

第7章 community allotments（地域集団を再生するための家庭菜園）を訪ねて

をどのようにして育てるのかを学ぶための機会をつくり、またこれらの家庭菜園を自由に見学するための便宜を図っている。

　私たち夫婦も、ここを見学するうちに子豚たちが広い囲いの中で走り回っているのも見た。見ているうちに今から10数年前に北サマセットのトラストのハニコト・エステートにあるヒンドン農場で、同じ種と思われる子豚たちが走り回っている様子が二重写しになった。このキッチン・ガーデンを見て回るうちに一人の男性からここの家庭菜園について説明してもらったり、初老の婦人からは幾種類かの野菜をいただいた。子供たちが家庭菜園で遊びまわっているのを見るのも楽しかった。

　ついでにキングストン・レイシィが国民にいかに評価されているかを入場者数で確認しておこう。

	2014/15年	2013/14年
キングストン・レイシィ	270,099人	241,044人
コーフ城	234,671人	218,832人(2)

　なおスタッドランドその他のキングストン・レイシィの大地はオープン・スペース故に入場無料なので参加人数は正確には計れないが、私自身の体験からしても、その入場者数は確実に増えている。入場有料のカントリィ・ハウスあるいは邸宅への入場者数は毎年増えていることは、私自身の知る限り間違いない。ましてオープン・スペースは入場無料であるから、その人数はカントリィ・ハウスなどへの入場者数をはるかに超えているはずである。

　上述のとおり2015年8月30日から31日までの1泊2日の短い期間であったが、キングストン・レイシィでの私たちのフィールド・ワークは天候にも恵まれて上々の出来であった。8月31日はロンドンに止宿し、9月1日にはスウィンドンにて宿泊。2日には、ナショナル・トラスト本部にて理事のピーター・ニクスン氏に会見。言うまでもなく、現在に至り自然環境に対する圧迫が強まり、それに加えて生物多様性が劣化し、人間社会のコミュニティが消滅の方向へと進み、人間社会も衰退する方向へと進みつつある。このように考えるとき、私たちは私たちの置かれた危機的状況をいかにしたら乗り越えることができるのだろうか。ピーター・ニクスン氏の何十年にもわたるナショナル・トラスト運

動から得られた彼のフィールド・ワークとそれによる知見は後述するが、私にとってはこの上ない知見として私自身の中に残り続けるであろう。

３．北アイルランドへ

（１）ミノウバーンへ

　９月６日にはヒースロー空港から Belfast City Airport へ。北アイルランドのナショナル・トラスト運動はどれほど進行しているのであろうか。

　私たちが摑まえたタクシー運転手は菜園を持っているトラストのミノウバーンも、私たちの予約したホテルも良く知っていた。ミノウバーンはベルファストに近いし、それにここの家庭菜園自体は、志を同じくする人たちをリラックスさせ、またともに働き社会生活をともに楽しもうとする人たちの生活の中心となっているという。まずミノウバーンの目印となるべきジャイアンツ・リングとショーズ・ブリッジへ。家庭菜園を見るには管理人を訪ねるべきだと言う運転手の意見に従ってオフィスへ行くと、残念ながら留守だった。家庭菜園の鍵はかかっており中へも入れない。外から眺めるしかなかったのは残念だった。トラストが菜園を作る家庭をこの地の近在から集めることに努め、その甲斐あってトラストの目標とすべきコミュニティ（地域社会）が出現してきたというのに、管理人に会えなかったのは、かえすがえすも残念であった。

　顧みれば私は口蹄疫が発生した2001年にもここを訪れている。このときはショーズ・ブリッジと川沿いの通路を歩いただけだった。口蹄疫のために内部に入れなかったからだが、当時よりもミノウバーンが整理され綺麗になっていた。

（２）カーニィ村へ

　北アイルランドに渡った翌日の９月７日は晴れ。午前中にベルファストのバス・ステーションを発車し、ポータフェリィに到着。ここのホテルに２泊することにした。レセプションに座っている女性にカーニィ村に行くために来たのだと言った。そうすると車のない私たち夫婦のために自分の車で連れて行ってくれた。

　私たちを乗せた女性の車は小さな道を走りながら、ついにこの村の入り口に

第7章　community allotments（地域集団を再生するための家庭菜園）を訪ねて

北アイルランドの別荘地、カーニィ村（2015.9）

着いた。2時間後に迎えに来ると言ってくれたのもとても嬉しかった。私たちは2時間をたっぷりと使った。この村は1965年にエンタープライズ・ネプチューン基金で12.5ha.の波打ち際と1.6ha.の村落地、合計14.1ha.がコヴェナント（13軒の家屋と125.5ha.）と一緒に購入されたという。(3)幸い住宅のうち1軒には初老の夫妻がおり、話す機会があった。男性の話によれば、住民のうち夏が過ぎてもここに住んでいる家族がいるという。今は4軒が空き家で、8軒に人が住んでいるという。家賃は1か月、400ポンドから600ポンドとのこと。この村には10年間から30年間も住み続けている家族もいるという。

　しばらくすると迎えの車がやってきた。次にこの車が向かったのはこの半島の先端にあるバリクゥインティン農場であった。もちろんトラストの農場だ。私たちは心から彼女に感謝した。私たちはストラングファド湖の素晴らしい景色と、この辺りの大地が野生生物と自然保護のためにトラストによって管理されていることは知っていた。彼女によれば、バリクゥインティン農場は彼女も初めて訪れた農場だとのことであった。

（3）マウント・スチュアート・ハウス・アンド・ガーデンへ

　9月8日にはポータフェリーからベルファスト行きのバスでマウント・スチュアート・ハウス・アンド・ガーデンで途中下車。邸内に入り、そこの素晴らしさを確認した後、ここにある家庭菜園を探すことにした。レセプションの女性にその位置を尋ねると、家庭菜園は現在準備中とのこと。歩いているうちにwalled garden（家庭菜園）になる準備をしているところに行き着いた。ここは相当に大きな家庭菜園になりそうだ。私のこのときのトラスト研究の目的の1つは、トラストがどのようにして理想的な地域社会をつくっていこうとしているのかを確認することにあった。人間と大地が一体化していることが肝要である。このことを胸に収めながらこの重厚でかつ素晴らしいカントリィ・ハウスをあとにした。

　私の長期にわたるcommunity allotmentsに関するフィールド・ワークによって、この試みも'for everyone'、'for ever'の掛け声のもとに必ずや成功のうちに管理・運営していくであろうと信じたかった。それはとにかくトラストを訪れる車はずいぶん多い。マウント・スチュワートの駐車場も同じだ。特に高齢者の自家用車が多いのが目立つ。それよりも公共交通機関を有効に利用し、自家用車を減らすことが社会経済的に役立つはずだ。これまでに国内市場の拡大という観点から、いわば「老人経済」論を真剣に考えるべきだと提言してきた。老人経済を国内需要という点から考え始めたのは、ドーセットからデヴォンの海岸線を2003年8月15日から9月2日の間に2回にわたって歩いたときだった。何回か乗り換えたバスには老人たちがたくさん乗り込んできた。南西部地方にはゴールデン・キャップ、ブランスクーム、サルカムなど、トラストの海岸線が点と線と面のようにつながっている。

　2015年9月10日にはベルファスト・シティ・エアポートからヒースロー空港へ。

4．クランドン・パークへ

　12日に前記のクランドン・パークを訪れたのは、この年4月29日に、ここが

第7章　community allotments（地域集団を再生するための家庭菜園）を訪ねて

2015年に火災にあったクランドン・パークにて（2015.9）

火災にあったことをハッチランズに行く車の中で教えられたからであった。火災の現場も見た。この邸宅を復元するのに長い日時がかかるのは避けられまい。寄付金が求められているのは言うまでもない。

　ここのカフェでは親子４人の若い家族に会った。母親が日本の茨城県常総市の水害の写真を見せてくれた。大変な災害であることは間違いなかった。可愛いお嬢さんを交えて歓談を楽しんでいるうちに私たちは別れることになった。私たちもしばらくしてからクランドン・パークの出口へ向かって歩いていると、車が私たちのところで停車した。父親であった。クランドン駅から引き返してきたようだ。私たちが駅まで歩くには疲れていると判断してくれたのだ。駅に着くと母親と二人のお嬢さんが芝生の上で待っていてくれた。ロンドンへの列車はすぐに来た。私たちは急いで"Thank you so much!"と言ってホームへ。良い旅だった。

5．リントンからクーム・マーティンへ

　9月14日はトーントンからマインヘッドへ出て、ハニコト・エステートを通過してリントンに宿泊。リントンのB&Bの若い夫妻はお人好しで、リントンからクーム・マーティン（Combe Martin）まで連れて行ってくれる地元のベテランのタクシー運転手まで見つけてくれた。翌朝B&Bを出発してしばらくすると、いよいよ細い道に入っていった。私のOrdnance Survey LANDRANGER 180を見ながらでないと、車がどこを走っているかわからない。漸くウッディ・ベイに入った。トラストの土地も確認できたし、古いホテルもある。車が進むにつれてトラストの土地をあちこちに発見できる。Hunter's Innというとても古いインもある。この宿は今でも使われているのだろうか。車が走るうちに右側にホールドストーン丘陵内にトラストの農場が点在する。何故車を止めなかったのか。ここは農場が次々と獲得されたところなのだ。これからもこの辺りの土地は次々と獲得されていくに違いない。

　しばらくすると、眼下に町並みが見えた。ここがクーム・マーティンで、イギリスでは一番長い村落地だと運転手が教えてくれた。車が町並みに降りた。運転手がこの町のB&Bを紹介してくれた。このB&Bは坂を少し上がったところにある。もう少し上がったところにナショナル・トラストの岩山もある。町並みのほうへ降りるとすぐにクーム・マーティン湾だ。そこに沿った町並みを降りていくと、この村の博物館があり、そのなかには、結構たくさんの人々が集まっていた。館内を見回すと、この町並みがひどい洪水で被害にあった写真が置かれていた。このような記録を残した写真はリントンの下にあるリンマスにもあった。これもすごい洪水であったが、外国人である私たちでさえ記憶すべき資料である。地球温暖化、海面上昇の危機は自然現象であるか、人間営為の結果によるものか、私たちの小さな地球を襲う天変地異があることを忘れてはならない。

　翌16日朝は、かつて訪ねたことのあるイルフラクーム（Ilfracombe）をバスで経由してウラクームを訪ねた。驚いたことにはウラクームがすっかり観光地に発展していた。浜辺に出て北のほうを見るとモート・ポイントが見え、南の

第 7 章　community allotments（地域集団を再生するための家庭菜園）を訪ねて

ウラクームの海岸と丘陵地（2015.9）

ほうには未だ私が足を踏み入れていないバギー・ポイントも見えた。それに遠く西のほうへランディ島も見ることができた。いずれもトラストの大地だ。

　なおウラクームの丘陵地には広い土地がいろいろな面積に分かれて50家族分の家庭菜園があるのだが、ここも興味深い家庭菜園に違いなかった。海岸からもそれらの風景が見えたのだし、是非とも現地に足を踏み入れ、訪ねたかったのだが、時間の都合もあり中止せざるをえなかった。そのうちにバーンスタプル行きのバスが来た。バーンスタプルのバス・ステーションに着いたときは昼を過ぎていた。この時もバーンスタプル駅からロンドン・パディントン駅への帰路を取ることにした。16日から18日までは私用もあり、ロンドンに滞在。

6．ナショナル・トラストとピーク・ディストリクト国立公園へ

　21日はマンチェスター・ピカデリー駅へ。ここからシェフィールド駅へと向かった。マンチェスター駅を出るとしばらくして、かつて訪ねたことのあるラ

イム・パークが近くにあるディズリィ駅に着く。この辺りからピーク・ディストリクト国立公園に入る。東のほうへ向かいハザーセジ駅に着くと、ここからはロングショウに近い。ここからシェフィールド駅行きのバスに乗ると、フォックス・ハウス・インの前でバスが停車する。バスを降りたところがトラストのロングショウ・エステートだ。ここはピーク・ディストリクト国立公園の東端にあり、広大な丘陵地と森林地、そして牧場と放牧地を含む自然豊かな1,000ha.を占める広大な大地だ。

　列車の中から見る両都市間の風景は、マンチェスターの近辺を除いて、すべてが自然風景に包まれている。これは主としてナショナル・トラスト運動が、'for ever'、'for everyone' の理念のもとに続行され、かつ拡大しつつあることを忘れてはいけない。それに1949年国立公園およびカントリィサイド・アクセス法が、農場使用を維持しつつ自然保護および一般の人々のアクセスを優先していることも明白である。このように考えると、ナショナル・トラスト運動が決してイデオロギー的な運動ではないこと、そして国民と国土を守っていくための運動であることは明らかである。

７．ナショナル・トラスト本部のピーター・ニクスン氏と

　ところで2015年８月24日から９月24日までの滞英期間中、私たち夫婦は先に記したように９月２日にはスウィンドンのトラスト本部において、理事のピーター・ニクスン氏（Director of Land, Landscape and Nature）と会見することになっていた。知られるように世界はグローバリズムあるいはグローバリゼーションの下、不安定な状況に置かれている。永久に資本主義社会が続きうるとは考えられない。資本主義経済が崩壊するとき、次の経済社会が社会主義段階であると考える場合、イギリスではナショナル・トラストが社会主義経済の受け皿としての役割を演じられるのではないか。このように考えて、私は予めあえてニクスン氏にこの趣旨の質問を用意していた。この日、９月２日にはスウィンドンのヒーリスにあるトラスト本部のレセプションに10時に到着。拙著『ナショナル・トラストの軌跡Ⅱ　1945〜1970年』２冊を携行した。１冊はニクスン氏に謹呈し、もう１冊はRecord Officeに納めるためであった。すでに世

第7章　community allotments（地域集団を再生するための家庭菜園）を訪ねて

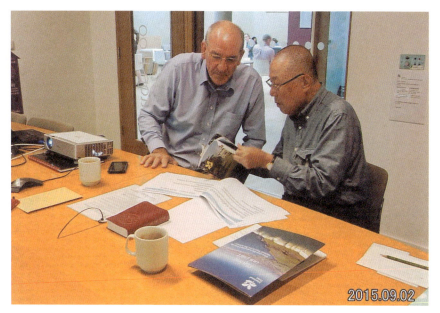

ピーター・ニクスン氏にインタビュー（2015.9）

界がグローバリズムとグローバリゼーション下、世相が変動・荒廃し、危機的状況に陥りつつあると私が考えたのは前述のとおりだ。
　そこでまず現在、トラストがどれほどの人材と資力を有しているかを再確認しておく必要がある。

2015年現在のナショナル・トラストの人材と資力

　ナショナル・トラストは、イギリス国民が有する相続財産とオープン・スペースの重要性を理解し、そしてそれらをすべての人々がエンジョイできるように守っていきたいと考えた3名の人物によって1895年に創設された政府・地方自治体から独立した社会事業団体であることはすでに知られていよう。
　トラストの人材と資力は次のとおりである。
　○土　地：約25万7,000ha.（全国〈スコットランドを除く〉の約2％）
　○海岸線：1万2,400km（全海岸線〈スコットランドを除く〉の約25％）
　○500以上の歴史的建造物、庭園およびパーク（私園）、古代の遺跡、76の自

然保存地。
○入場有料の資産への年間訪問者数：約2,000万人
○トラストのオープン・カントリィサイドへの訪問者数：約２億人
○ボランティア：６万人、職員：１万人、借地農：1,800人(4)

　上記のような人材と資力を有しつつ、ナショナル・トラストがイギリスの国土を守るために日々活動を続けている事実については、トラストの資産を管理・運営している人々に接し、話し合えば自ずからわかるはずである。イギリスといえども、産業革命を経る過程で工業化が本格化するなか、外国貿易に偏在しつつ、産業構造が歪曲化せざるをえなかったことは、拙著『イギリス植民地貿易史―自由貿易からナショナル・トラスト成立へ―』（時潮社、2017年）の第３編第２章「イギリスの貿易政策と産業構造の歪曲化―農業部門との関連において―」を一読すれば、自明のとおりである。
　資本主義的生産過程を経る中で、恐慌の勃発は避けられないが、恐慌は不況、（回復）、好況、（繁栄）、恐慌という局面変換を反復しながら拡大再生産過程を繰り返さざるをえない。このように考えると、恐慌は独占段階以降も不可避的なものとして、資本主義的生産過程を襲っていることは明白である。
　なお次のことも考えておく必要がある。最近の一例をあげれば、次の事実は否定しようもない。最近のテレビでISS（国際宇宙ステーション）から見た私たちの地球は非常に小さく見えたという。宇宙飛行にそれほど興味を覚えない私にもこの言葉は私の胸に強く響いた。この宇宙飛行士の言うように私たちの生きているこの小さな地球は、自分たちで守っていかなければならない。社会科学ですら正しく理解しえない私たちが、自然科学の発達を本当にコントロールできようか。その前に地球が人間の手で破壊される時が来るかもしれないのだ。
　このようなことを考えているうちに、私たち二人が待っている部屋にピーター・ニクソン氏がプロジェクターと'How can we all play our part？'というパンフレットを携えてやってきた。スクリーンに映された映像は、私が実際にフィールド・ワークを行なったところが多かっただけに、私にははっきりと見えた。彼が映してくれた映像をすべて紹介できる紙幅がないのは残念だが、必要と思われる彼の説明を紹介しておこう。

第7章　community allotments（地域集団を再生するための家庭菜園）を訪ねて

○まず創立以来120年を経たナショナル・トラストについて。
　私がイギリスに滞在して本格的にトラストの資産を主として自然風景を中心にして歩き始めたのは1985年7月頃からであった。それ以降トラストは2000年代に入ると、自然環境を守り育て、私たちの生活の場を生きたものすることができるように努力した。かくしてこれまで獲得してきた資産を育て上げ、それらを健全でより美しい自然環境にする過程で、そこから得られた技術と知識を生かし、それらを相互に教示しあい、かつ相互に鼓舞しあってきた。
○それでは国民は21世紀にはトラストから何を必要としているのだろうか。
1．自然（＝大地）を大切に生かしつつ、保護していくこと。
2．これまでトラストは自然環境を守り続けてきたが、大地に対する圧力も強まり、それにつれて人と人とのつながりは弱まり、ついにはコミュニティそのものが消滅する恐れが生じつつある。そのことを明瞭に表しているものこそ気候変動である。そのことを正しく理解しなければならない。
○それでは人間および生物多様性の死滅を防止するためにはどうしたらよいのか。
1．大地を自然力豊かな状態に保つこと。
2．温室効果ガスの排出を節減すること。原発の廃止は言うまでもない。
○トラストの大地は点と線と面へと所有地を大規模なものに成長させつつある。したがってトラストが国民のために土地利用のための新しい経済モデルをつくり上げることは不可能ではない。かくしてもし私たち大人が私たちの子供、そして子供の子供のために、より健全な環境を残すべきであるならば、私たちはすぐに行動を起こすべきである。自然は私たちの生活の根底にあるとともに、中心的な役割を演じている。生息地を失うことは多くの種を失うことになり、同時に私たちの生命をも失うことになる。加えて気候変動の衝撃は今や動植物のために、そして私たちの健康と福祉のために、私たちが直ちに立ち上がらなければならないことを意味している。

　先に記したように、トラストが土地利用のための新しい経済モデルをつくることは可能であるし、事実トラストの自然活動による経済効果については、す

べての地域ではないが、いくつかの地域において、各地域のナショナル・トラスト運動による経済効果を数量化したものがある。社会経済的矛盾が解決されることなくいつまでも続く限り、各資本主義国を困難に陥れている地域経済の衰退はいつまでも続く。私自身がトラスト研究のためにイギリスへ渡ったのも、トラストが「地域経済の再生」をいかに乗り切るべく努めているかを知るためであった。

　例えばトラストは、繰り返すけれども、すでに1998年にイングランド南西部諸州（コーンウォール、デヴォン、サマセット、ウィルトシャ、グロースターシャ）におけるトラストの活動による経済効果を初めてまとめることができた（*Valuing Our Environment—a study of the economic impact of conserved landscapes of the National Trust in the South West*, 1998）。その詳細については同書に依拠するほかないが、南西部諸州におけるトラストの経済効果を割り出すために、トラスト自体による雇用効果を見ると次のとおりである。

　南西部諸州の人口は約500万人で、そのうち約半分が農村地帯で生活している。1997年おける南西部諸州のトラスト自体による直接の雇用人口は1,156名であった。そのなかにはトラストの農業用地での借地農をはじめとする農業労働者が約746名、85の売店やレストランなど商業施設での雇用者が216名、それにこの地域にあるトラストの132のホリデー・コテッジでの雇用者56名などが数えられる。同書での分析はより詳細であるが、前記の雇用者および諸施設から生み出された経済波及効果によって生じたフルタイムの雇用者を概算すると、実際に働いた人々は合計1万913名であった。このように考えると、この地域でのトラストのフルタイム雇用者1名に対して、約9.5名のフルタイム雇用者が生み出されたことがわかる。この地域でのトラストの農業活動がグリーン・ツーリズムとか農業体験旅行と言われるものと一体化していることは明白だ。会員や支持者、そして所有面積は確実に増えつつある。このように考えると、南西部諸州のナショナル・トラスト運動の持つ経済効果が、今後増大こそすれ、減少することはないと言っても決して誤りではない。このことはトラストの他の地域でも同じだと言えよう。

　各地域のナショナル・トラスト運動による経済効果を数量化したものとして、その他にトラストの11の管轄地域のうちの北東部地域（ノーサンバーランド、ダ

第7章 community allotments（地域集団を再生するための家庭菜園）を訪ねて

ヒッグズ家とともに（2015.9）

ラム、タイン・アンド・ウィア、ティーズ・バレー）、カンブリア、ウェールズ、北アイルランドの4地域があるが、それらはそれぞれ『自然環境による経済効果査定』として刊行されている。

　ここでそれぞれの地域の雇用効果を示せば、次のとおりである。北東部地域では、トラストのフルタイムの雇用者1名に対して約5名、湖水地方を中心とするカンブリアでは約9名、ウェールズでは約5名、北アイルランドでは5名のフルタイムの雇用者が生み出された。今後残された6つの地域においても、このような自らの活動の経済効果について定量化のための研究が進められることを期待したい。その時こそトラストが自然環境保護活動の持つ貴重な社会経済的意義が真に評価されることになるであろう。

　以上、約1時間にわたってピーター・ニクスン氏が日本人である私たち夫婦に説明してくれた貴重な事象は、トラストが創立された1895年以降のナショナル・トラスト運動を含めて慎重に熟慮されるべきである。

8．ヒッグズ家へ

　9月19日には、1985年5月から現在に至るまでお世話になり続けているヒッグズ家を訪ねるために、ロンドン・ウォータールー駅からギリンガム駅へ。到着したのは12時50分であった。当主のヒッグズ氏が高齢でもあり、このところ体調がすぐれず会えないままであった。幸いに最近になって回復され、再会することができるようになった。ギリンガム駅に着くと、家族4人に出迎えてもらった。4人とも元気だった。しかし回復したとはいえ、回復して間もないので、歓談2～3時間後にはお暇することにした。元気な姿にお会いできたことを喜び合い、再会を願いつつ、See again！　　　　　　　　　（2015年記）

【注】
（1）以上、ナショナル・トラストのホームページ（www.nationaltrust.org.uk）のAllotment case study–Hatchlands および Hatchlands Park などの項を参照されたい。
（2）*Annual Report 2014/2015*（National Trust, 2015）p.71.
（3）*Properties of the National Trust*（The National Trust, 1997）p.279.
（4）'Playing our Part'（National Trust, 2015）p.13.

第8章 ナショナル・トラストの大地をゆく

はじめに

　ナショナル・トラストは1895年に大志を抱いた少数のグループによって、国民のために歴史的名勝地および自然的景勝地を守るために創立された。それから約123年後になると、この中核たる目的はトラストが実行しているすべてのものの核心となっている。

　トラストの戦略である'Playing our part'は4年目を迎えた。トラストの創立以来、自然保護に専念し続け、2017／18年度にはいわゆる'Conservation projects'に1億3,800万ポンドを投資してきた。2017年にはまたトラストは自らが所有しているすべての自然＝大地に存在している野生生物が荒廃させられるのを食い止めるための大規模な計画を開始した。これこそ2025年までに2万5,000ha.もの新たな生息地を生み出そうという計画である。

　イングランド、ウェールズおよび北アイルランドに存在するトラストの大地へ2,660万人を超える人々が訪れている。トラストを訪ねてくる人々を感動させ、教え導き、そして奮い立たせる体験をつくり出すためのトラストの計画が、北アイルランドのマウント・スチュワートからピーク・ディストリクトまでの所有地について、思索にふけるための各種の方法が考えられてきた。トラストはまた地方にある歴史遺産と緑に包まれた空間地帯を守り育てるための役割を探るために、地方の共同体やパートナーと一緒に働いている。

　2017／18年度にはトラストは歴史上初めて500万人目の会員を集めることに成功した。このことは人々の生活のなかで、トラストの活動が重要な役割を演じ、そしてすべての人々がエンジョイできるように1,245kmの海岸線、24万8,000

ha.以上の大地、そして500を超える歴史的名勝地および自然的景勝地を生み育てるようにトラストを奮い立たせてきた。

　トラストの会員、寄付者、ボランティア、そしてスタッフの支持と支援がなければ、トラストの仕事は何物も生み出すことはできない。⁽¹⁾

　上記のナショナル・トラストの理事長と議長による Impact Review 2017／18 の巻頭文こそ、ナショナル・トラスト運動の初期から2017／18年度までをごく簡単にかつ要領よく報告したものである。

　2018年には、私たち夫婦は6月14日のアッパー・ウォーフデイル、6月27日のクウォリィ・バンク・ミル、7月12日の湖水地方でのナショナル・トラストのイベントに参加するために、6月12日から8月29日までイギリスに滞在することにした。そこで6月12日には、私たち夫婦はヒースロー空港に向けて羽田空港を離陸、同日無事にヒースロー空港に到着し、この日はロンドンに宿泊。13日には早くもロンドン・キングズ・クロス駅を出発し、リーズ駅を経由してスキプトン駅に到着、ここからバスでケトルウェルに着いて、そこからバスでグラシントンを経て、ケトルウェルに漸く着き、翌日のフィールド・ワークの準備を始めた。

1．北ヨークシァを歩く

　翌6月14日、朝10時にケトルウェルのヴィレッジ・ホールに集まることになっており、予想どおり30名ほどが集まった。このなかにはジェネラル・マネジャーのマーティン・デイヴィズ氏がいた。彼との14年振りの再会を喜んだ。私たちは二手に分かれてヨッケンスウェイト（Yockenthwaite）へと向かった。私たちのグループは、マーティン・デイヴィズ氏がリーダー役を引き受けてくれた。

　砂利道で野生の花に囲まれた平坦とは言えない道を歩き、次いで川を渡って説明を聞きながら前へ進む。周囲を取り巻く自然風景は木と野生の花に取り囲まれ、また他方では放牧場が次々と現れ、放牧場の囲いをトラストに特有なスタイルを踏み越えながら一つ一つと進んでいく。ここで気づくのは私だけでは

第8章　ナショナル・トラストの大地をゆく

自然風景に囲まれた北ヨークシァのトラストの放牧地、アッパー・ウォーフデイル（2018.6）

あるまい。数年前に見られた羊の集団には出会えなかった。夕方になると羊の鳴き声にしばしば出会ったものだが、今回は羊の鳴き声をあまり聞けなかった。何故だろうか。仲間に連れられて後を追った私も、漸くこの日のフィールド・ワークの北端のヨッケンスウェイトに着くことができた。

　思い起こせば、車に悩まされなければ、これほど閑静で、かつ起伏する急峻な石積みに囲まれた山肌のアッパー・ウォーフデイルこそ時間の止まった山あいの平地を感じたことはなかった。しかし森林地が切り開かれ、かつ集約的な牧畜が何世紀にもわたりここの大地を大きく変えてきたのである。侵食の危険にさらされ、ますますむき出しになっていく風景に直面して、トラストは2014年にヨークシァ・デイル・アピールに立ち上がったのである。その結果、アッパー・ウォーフデイルも自然の壮観さを備えた自然美を有する風景に戻ることができたのである。かくして今やマラム・ターンにミズハタネズミ（water vale）が戻ってきた。またトラストは将来に起こりうる洪水を如何に抑えるべきか、また貴重な野生生物の生息地の再生方法をも探るはずである。(2)

ヨッケンスウェイトに着いて、ケトルウェルへと向かい、ヴィレッジ・ホールへ帰り着き、そこで元気な若い借地農の話を聞きながらランチを楽しんだ。しばらく休んで、今度はヴィレッジ・ホールを出て車でリヴァー・ウォーフ（River Wharfe）を上流へ向かって走り、途中でリヴァー・ウォーフの河畔で下車。そこは強力な豪雨で痛手を受けたらしい後をまだ残していると思われるところであった。その他には周囲の自然風景も未だ痛みを残しているようであった。

　その後私たちは元来た道を引き返してケトルウェルに着き、ここで午後4時頃解散した。私たち夫婦はしばらくしてやってきたバスに乗ってグラシントンへ帰り着くことができ、前日予約していたホテルに宿泊することになった。グラシントンの西方にはマラム・ターンが、はるか東方にはリポンがある。リポンにはカテドラルがあり、それ故にイギリスで最も小さい都市であるにもかかわらず、シティの称号が与えられているのである。それはとにかく、リポンから西南部へほぼ3 kmのところにFountains Abbey & Studley Loyal Water Gardenが位置している。ここには12世紀に建てられたシトー会の大修道院の廃墟が残されている。

　グラシントンのホテルからファウンティンズ・アビィへ、そしてリポンへ向かった。いくらか年配のドライバーはスペイン出身だと言った。とても感じの良いドライバーで、私たちは無事ファウンティンズ・アビィを目にすることができ、すぐにリポンに着いた。インフォメーション・センターですぐにB&Bを決定すると、バスは走っているが、先を急ぐので再びタクシーへ。着いたところは玄関の前で、レストランやショップが揃っていた。1996年の夏にリポンから麦畑の中の歩道を歩いてやってきたファウンティンズ・アビィにはレストランはあったが、その他の設備はほとんど揃っていなかった。まずレストランで一休みしてFountains Abbey & Studley Loyal Water Gardenをエンジョイすることにした。

　いくらか思い出すところはあったが、ずいぶん記憶は薄れていた。ナショナル・トラスト運動の前向きの姿勢に感じ入るしかなかった。そこでトラストの次の言葉を紹介しておこう。'for ever, for everyone,'。「私たちの会員、寄付者、ボランティア、そしてスタッフがいなければ、私たちの仕事は不可能になります。国民のために、大地を守らせてくれているあなたがたすべての人々に

第 8 章　ナショナル・トラストの大地をゆく

訪問者の多いカイナンス・コーヴを上から見る（2018.6）

感謝します」。リポンには玄関から出発するバスを利用した。17日にはリポンのバス・ステーションからハロゲイト駅へ。そしてリーズ駅を経てロンドンへ。

2．イギリス西南端リザード・ポイントおよびカイナンス・コーヴへ

　6月20日にはロンドン・パディントン駅からペンザンスへ、そしてペンザンスからバスでリザード・ポイントへ。ここで2日間B&Bに宿泊し、21日には徒歩でカイナンス・コーヴへ。やっとたどり着いたカイナンス・コーヴにはさすがに人も多く、駐車場もあるが、ここからは車はおろか不注意に歩いては入江には着きそうもない。強風によって壊された建物もしっかりと再建されており、砂浜では大人も子供も遊んでいるが、私自身、日本にいる間は執筆に、イギリスに来てからは休む暇もなしに毎日を過ごしていたせいか、疲れが取れていない。諦めて上のほうからカイナンス・コーヴを眺めて、リザード・ポイントへ。それでもとにかくカイナンス・コーヴとリザード・ポイントを訪ねるこ

トラスト地の海岸の清掃に生き生きと従事する女子高校生たち（1991.7）

とができたことに大いに満足することにした。

　翌朝には、リザード・ポイントのバス・ステーションからニューキィへ行くことにした。運よく着いて、以前行ったことがあるトーワン・ヘッドに行ってみる。ここからはナショナル・トラストの海岸を一望できる。目の前には、当時ボランティアとして海岸を清掃していた女子高校生たちを見ることができたので、今回も期待したのだが、それは不可能であった。翌23日にはロンドンへ。

3．ロンドンからクウォリィ・バンク・ミルへ

　ロンドンで3日間休息して、26日はナショナル・トラストのイベントに参加するために、マンチェスターに近いウィルムスローのB&Bへ。この日は時間に余裕があったので、2014年に訪ねたことのあるダナム・マッシィを訪ねてみた。(4)
　6月27日は、チェシャのスタイルに位置するクウォリィ・バンクで行なわれる'Revealing our industrial past'たるトラストのイベントに参加する日

第8章　ナショナル・トラストの大地をゆく

産業革命の頃の工場地帯であるクウォリィ・バンク・ミル（2018.6）

である。午前10時に開始されるので9時半に到着。ここにはこれまで2回訪ねているので土地勘はいくらかある。私がナショナル・トラストの資産でフィールド・ワークを始めたのは1985年以降である。2018年刊行の私の研究書には1985年8月のクウォリィ・バンク・ミルの写真が掲載されているし、また自宅にはチューダー朝時代の瀟洒な住まいの写真が飾られている。この建物にはトラストの借家人が私を住まいの中へ案内してくれ、建物はチューダー朝様式だが、内部は現代風に作り替えられているのを見せてくれた。なおクウォリィ・バンク・ミルの稼働については、イベントのこの日は修復中のために建物の中に入れなかったのは残念だったが、私自身、1985年8月に幸いにもここが工業博物館として稼働している現場を見ることができたのは幸運であった。産業革命初期の機械の出す高い音には驚いた。このときには徒弟たちの住宅も見たし、説明も聞いた。ここの徒弟たちの生活が恵まれたものであったことも知った。この村の住宅も当時としては他の労働者たちの住宅に比べて不自由なものではなかったはずだ。

二人の婦人から説明を聞くロングショウのキッチン・ガーデン（2018.6）

　なお工場の所有者であったサムエル・グレグ夫妻がユニタリアンであったことが、工場経営およびナショナル・トラストへの接近に影響を及ぼしたか否かについて説明があったが、十分に理解できなかった。ただ私がクウォリィ・バンクを訪ねて以来、ここが大きく変化したことは、トラストがトラストの活動を'for ever, for everyone'をスローガンにしていることと深い意味を有していることを私たちは忘れてはいけない。

　この日も同じB&Bに宿泊し、翌28日にはマンチェスター・ピカデリー駅からシェフィールド駅に行く列車に乗り、ハザーセージ駅で下車。ここからはシェフィールドへ行くバスに乗り、フォックス・ハウスというバス停で下車、ロングショウへ。しばらく行くとティールームがあり、ここで一休みして今度はすぐそばにあるキッチン・ガーデンを見学。ここでは数名の婦人が働いており、会った婦人としばらく話す。キッチン・ガーデンとアロットメントとの違いについても話してくれた。キッチン・ガーデンは菜園ではあるが、その収穫物はキッチン・ガーデンが属する所有地（例えばレストランやカフェ）で使用される

第 8 章　ナショナル・トラストの大地をゆく

こと、アロットメントは家庭菜園であって、自らの労働で収穫した農産物は自由に家庭で使用できることの区別について話してくれた。その後はかつて歩いたことのある歩道をエンジョイしてから、シェフィールド行きのバスに乗るためにフォックス・ハウスへ行き、無事乗車。ここからシェフィールドへは初めての道で、しばらくあちこちに現れる風景を楽しんだ。ところが順調に走っていたバスが遅れ始めた。たいして気にもとめていなかったのだが、シェフィールド駅からウィルムスロー駅までに要する時間については、それなりに到着の時間は考えに入れていた。不安になったが、幸いにウィルムスロー駅に午後8時過ぎには着いた。今回の旅も首尾よくいったようだ。6月30日はウィルムスロー駅午前11時11分発の列車に乗り、ロンドン・ユーストン駅へ。

　数年前からイギリスの農村風景については、トラストにしろ、イギリスの農村風景にしろ、羊や馬、牛の頭数が少なくなってきているようだ。耕作地が増えたのだろうか。それはとにかく、ロンドンに戻ってからは、セント・オルバンズなどを歩きながらのんびりしていたが、7月3日にはライに行き、ついでにウィンチェルシー・ビーチを訪ねてみた。4日にはボーディアム城を訪ねてみよう。ここは1926年にトラストへ遺贈されたところである。ライ駅の前からバスでボーディアム城へ。
　思い出すに、初めてこの城の敷地内に入ったところで中年の男性と話し合ったことがあった。ボーディアム城で農業活動をしているかどうかを話しかけてみたのである。確かにここで農業活動はやっていないが、近い将来にブドウを生産し、ワイン製造に従事するようになるだろうとの希望的な話をしてくれた。私もその話に期待をしたのを覚えている。イースト・サセックスのこの辺りにブドウ園（Vineyard）がたくさんあるとは思えなかった。それにしても当初の18.2ha.のこの城の敷地がそのままであるはずはない。この城の売店にいる責任者らしい中年の女性に尋ねると、正確な情報を得るためには隣の村にあるブドウ園のSedlescombeに行くようにと勧めてくれる。それからケントのテンターデンにあるChapel Down Vineyardへも行きなさいと言う。とにかく彼女の私たちへのアドバイスはむしろ強制的でさえあった。後日車でボーディアム城からSedlescombeを訪ねた。醸造所にあるワインの販売所で白ワインを1本

ブドウ園だけでも見学できたのは幸いだった（2018.8）

購入できたが、運悪く販売員の女性はオーナーではないし忙しそうであった。またオーナーに会える機会も持てなかった。残念ながらオーナーとのインタビューを諦めて、ここのブドウ園をつぶさに見学することで満足しなければならなかった。

　次はケントにあるテンターデンのブドウ園である Chapel Down に行かねばならない。幸いにここに行くにはボーディアム城のすぐ近くを走っている Kent & East Sussex Railway を利用できる。幸いにこの列車に乗ってテンターデンに到着。ここから歩いてすぐのところにホワイト・ライオンというホテルが見つかった。翌日には目指す Chapel Down へタクシーで。ここのブドウ園を訪ねる客は多い。それ故にかオーナーにもスタッフにも会えなかった。今にして思えば、なぜ前もってアポを取らなかったのか後悔が先に立つ。

　考えてみるに今回の渡英に際し、私自身、準備を整えて渡英すべきであった。それにもかかわらず今回の私の準備不足は如何にしても否めなかった。しかしナショナル・トラストの 'Upper Wharfedale, Yorkshire Dales, 14 June, 2018'

第8章　ナショナル・トラストの大地をゆく

には、その前に2004年9月10日、同じ北ヨークシャの遠隔地にあるトラストのマラム・ターンの湖畔にある事務所を訪ね、資産管理人のマーティン・デイヴィズ氏と監視員のトニー・バロウ氏に会っていた。その後バロウ氏が運転する車でマラム・ターンを中心に、この広大な大地を案内してくれていた。この体験は私には忘れがたいフィールド・ワークであった。少なくとももう一度このようなフィールド・ワークを実現したいと切に願っていたものである。そういうこともあってトラストのこのイベントにはどうしても参加したい。このような体験に裏づけられたトラストでのこの貴重なイベントには何としても参加しなければならない。このように考えていた私が、このイベントに参加することを決意したのは当然と言ってもよかった。しかし私が、この足で歩いて得たイギリスのナショナル・トラストの大地での体験を基礎に、トラストの100周年への道筋を書いていたのがこの頃であり、ようやく100周年目のナショナル・トラスト運動までを書き終えたのが、ちょうどこの頃であった。したがって休む暇もなく6月12日にイギリスへ向かったのは、今にして思えば無謀であったとしか言いようがなかった。

　このようなわけでイギリスに着いた翌日にはロンドンを離れて、トラストの大地を求めて北から西へ、そして南へとほぼイギリス中を巡って再びロンドンへ帰り着いたのが7月5日になっていた。

　上述のとおり、準備不足のままにトラストの大地を求めてフィールド・ワークに専念していたのは間違いない。だからと言ってトラストが何たるかを学び取ることができなかったわけではない。例えば一つだけ例を示すと次のことだけは言える。ボーディアム城に入って、ここの大地の面積は増えているかどうかを尋ねたところ、トラスト地になって以来、増えていないという。これは不思議だと言うと、隣りの村にトラストと協力関係にあるブドウ園があるし、ケントのテンターデンには Chapel Down というブドウ園もある。これらのブドウ園を是非訪ねるようにと強く勧められた。近いから今すぐ訪ねるようにとも言ってくれた。疲れていることも手伝って逡巡してしまったことも失敗であった。それでもこれらの2か所を訪ねたのは前述のとおりである。ナショナル・トラストの力量を知るのに人（会員数）と所有地を知ることが肝要であると考えていたのは誤りでなくとも、狭い考え方であると知ったのはこの時である。

145

後日になってこれら2つのブドウ園を訪ねたのは間違いではなくとも、アポを取らずに出かけたのは失敗この上なかった。この大きな失敗ののちにテンターデンの町からのバスの大幅な遅れからロンドンに着いたのは相当に遅れていた。

4．湖水地方へ

　7月6日にはロンドンの東部ハックニィにあるサットン・ハウスを訪ねるなどして、7月9日までロンドンにいて、10日にはロンドン・ユーストン駅から湖水地方へ。今回は2016年にトラストによって獲得された土地であるソーニスウェイト（Thorneythwaite）を訪ね、それから1991年に閉鎖された鉱山をも見ておこうというトラストのイベントに参加するためである。

　ソーニスウェイトは2016年にトラストによって購入されたボローデイルにある121ha.の丘陵地にある農場であり、保護の価値を十分に有する土地である。トラストはこの土地を国民のために、かつ永久に保護していくのである。同時にこの土地は湖水地方での保護に対する挑戦に果敢に立ち向かっている。加えてトラストはこの農場を持続可能な農場に維持するための方法を見出すべく、トラストと借地農がそれぞれしっかりと協力体制を組んでいる。そのためにソーニスウェイトで活動するための原則を見出しつつある。

　この農場は生物多様性に恵まれているために、多くのボランティアを必要としている。なおトラストの大地に生息している野生生物が衰退していくのを食い止めるために2025年までに新しい生息地（2万5,000ha.）をつくる予定である。また2025年までにトラストの農場のうち50％を'nature-friendly'な農地にする予定である。約2,000人のトラストの借地農のうちの多くが野生生物に利益を与え、そしてトラストと農民が協力しつつ農業に従事している。

　そこで私たち夫婦はソーニスウェイトにしろ、Force Crag Mineにしろ、ケジックまで行かねばならない。7月10日にロンドン・ユーストン駅からオクスンホーム（Oxenholme）を経てウィンダミア駅に着いて、ここからバスでケジックに行くことにした。この日からトラストのイベントに参加する7月12日を間に、14日までボローデイルに位置するアシュネス農場というトラストのB&Bに宿泊することにしていた。まずはこのB&Bを確かめておかねばならない。

ケジックからタクシーでアシュネス農場へ。ここに行き着く前に12日にイベントが開催される出発点の Great Wood Car Park も確認できた。

　翌11日には、ワーテンドラス（Watendlath）からボローデイルのロスウェイト（Rothwaite）へ降りていくためにB&Bの車でワーテンドラスへ送ってもらった。私自身、ワーテンドラスにしろ、ロスウェイトにしろ、かつて歩いたところである。ただこのB&Bがワーテンドラスのごく近くにあると思っていたのは間違いであった。それはとにかく、ロスウェイトへ降りてここのバス停からケジックへ。この日はケジックで夕食を済ませてタクシーでB&Bへ。

　7月12日は、いよいよトラストのイベントの日である。参加者の集合場所は、上記の出発点である。ここに行くためのタクシーがなかなか来ない。やむをえず手伝いの女性の車で集合場所へ無事到着。参加者は30名近くであった。ジェネラル・マネジャーともう一人の女性からのあいさつと説明を受けてから、11時頃にソーニスウェイトへ向かう。現地に着いてここが自然に囲まれたオープン・カントリィサイドの一角を占める自然風景を有していることは説明を待つまでもない。したがってこの農場をトラストの総合的な農業基本計画（Whole Farm Plans）のもとに経営することにより、将来への展望が得られることを繰り返し説明してくれたことは印象的であった。それに私の体験を加えて、地域経済の健全化を考慮しつつ、次のことを書き加えておくことは決して無駄ではない。

　私たちが乗った車はソーニスウェイトの前でストップし、私たちはソーニスウェイトに入っていった。この辺りは何回か足を踏み入れたところだ。シートーラー（Seataller）の下り坂を降りたところが丁字路になっており、突き当たったところがソーニスウェイトだ。丁字路を右に折れるとシースウェイト（Seathwaite）に突き当たるが、シースウェイトの農場もやはりトラストの農場である。数年前、ここの農場家屋に入ってみると、数名の人たちがコーヒーを楽しんでいた。しばらくの間会話を楽しんで、私ひとり外に出て、歩道を登って行った。ここから見る風景もオープン・カントリィサイドの規模を有する自然風景である。シースウェイトの農場家屋でまだコーヒーを楽しんでいる人々がいたが、今度は別れを告げて丁字路を左へ歩いていくと、先日ワーテンドラスから降りてきたロスウェイトに行き着き、ついにダーウェントウォーターにも行き着く。さ

ダーウェントウォーターでも美しさで有名なフライアーズ・クラッグ（2018.7）

らにこの道をまっすぐ行くと、フライアーズ・クラッグなどトラストの歴史的名勝地や自然的景勝地に触れながら、ケジックの町に着くことができる。この辺りがボローデイルで、ここを歩いた人ならば、すべての人がここを懐かしむことであろう。

　さてもう一度丁字路に戻ってみよう。もう古い話になるが、私は単身この丁字路を通り過ぎてシートーラーを登り切っていき、途中で右側に歩道があり、その歩道を3 kmほど歩いているうちにカースル・リグを無事通過して、ダーウェントウォーターの南岸に行き着いたことがある。この日はボローデイルの山岳地をエンジョイするのが目的ではなかった。その頃、私は故郷の鹿児島県の志布志湾公害反対運動に参加していた。当時、ナショナル・トラストもオープン・カントリィサイドが一国の国土を守るために、いかに重要であるかを繰り返し強調していた。したがってイギリス国土に占めるオープン・カントリィサイドも、フィールド・ワークによって正しく理解しておかなければならない。このような必要に迫られて、私はボローデイルの山岳地を歩き始めたのである。

第8章 ナショナル・トラストの大地をゆく

典型的なオープン・カントリィサイドのボローデイル（2018.7）

　歩道を歩いているうちに、ボローデイルのオープン・カントリィサイドをボローデイルの山岳地から見下ろすことができたのである。
　日本では、資本主義経済下、海でもカントリィサイドでも山でも壊されていく。イギリスにはナショナル・トラストをはじめとするその他の自然保護団体があるけれども、残念ながら日本にはトラストに相当する民間団体はない。イギリスはとにかく、日本で資本主義社会が続く限り、自然環境破壊は止むことはないかもしれない。このようなことを考えながらボローデイルの山岳地帯を歩いたのだった。
　ボローデイルの一角を占めるソーニスウェイトは、2016年にトラストによって購入され、将来トラストにとって自然環境とともに、経営上からも有利な資産（estate）として残されるであろうとの説明であった。1時頃には、ロスウェイトにあるスコフェル・ホテルでビュッフェ・ランチの時間となり、1時45分にはケジックの南西部に位置する高原地帯にあるフォース・クラッグ・マインへ。車は、かつて私には忘れられない思い出を残しているポーティンスケイ

ルを通って南下し、フォース・クラッグへ着いた。

　この鉱山は亜鉛、鉛、カドニウムなどを産した湖水地方では有名な最期の鉱山であったそうだが、この採掘現場が1991年に閉鎖された。この鉱山の操業時には公害をもたらしたことは当然のことだったが、昆虫や魚類にも害をもたらしたのも当然であった。それはともかく、この鉱山の跡地は今ではナショナル・トラストによって所有され、訪問者を惹きつけていることは、私たちがこの鉱山地帯を往復した過程で、ここの湖水地方が持つ自然風景をエンジョイできたことによって十分に理解できた。操業を停止したフォース・クラッグ・マインの現場を見たあと、ケジックに着き、私たち夫婦はこの町でナショナル・トラストの仲間たちに別れを告げた。その後4日間、グラスミアやワーズワスの生家があるコカマスを訪ね、ウィンダミアで休養したのちに7月17日にはウィンダミア駅からロンドンへ。

5．ノーフォーク海岸へ

　7月18日と19日はロンドンに滞在した後、20日にはいよいよノーフォークの北西部へ足を運ぶことにした。ここもこれまで数回訪ねたことがあるが、それでもナショナル・トラストの活動を満足に理解しているとは考えられなかった。だから再度ノーフォークを訪ねてトラストの活動をより深く理解しなければならない。というより将来、ナショナル・トラスト運動がいかなる展開をするのかを理解しておきたいと考えたからである。というのは、ナショナル・トラストの念頭にあるものは、すでに何回も謳われているように、'for everyone'、'for ever'である。このイギリス国民への呼びかけこそ、私たちはしっかりと理解しておかなければならない。

　今回の北ノーフォークへの訪問によって、上記のトラストの国民への呼びかけをより深く理解できるはずだ。これまでは私のフィールド・ワークはノーフォークの北東部に限られていた。したがって今回のフィールド・ワークは、クローマーからシェリンガムへ、そしてブレイクニィ、さらにブランカスターへと歩を進めたい。かくして7月20日（金）にはノリッジからシェリンガムに到着し、この町に2日間滞在した後、これまで数回フィールド・ワークを試みた

第 8 章　ナショナル・トラストの大地をゆく

北ノーフォークのブランカスターにあるトラストの事務所に数名のスタッフが集まってくれた（2018.7）

　ブレイクニィを通過し、その後ブランカスターに至り、ここでフィールド・ワークによる理解をより深めたい。ついでながらこれまでの私のこの地域での体験の一つについていえば、シェリンガムからブランカスターを経てティッチウェルへ。ここに1日だけ滞在して王立鳥類保護協会（RSPB）が管理している自然保有地をじっくりと観察したこと、およびその足でキングズ・リンに到着し、そこからバスでオクタヴィア・ヒルの生誕地であるウィズビーチ（Wisbech）を訪ねたことも貴重な体験であった。

　さて前に記したように、7月20日、ノリッジから列車でシェリンガムに着いた私たち夫婦は、いつものようにバスでブランカスターに到着し、すぐ傍らにあるトラストの事務所を訪ね、ロブ・ジョーンズ氏を含め数名のスタッフに会うことができた。ただ私が希望していた子供たちに会うことはできなかった。というのは2018年は、1998年から開始してきた子供たちを戸外とつなげるための合宿を主とした活動の20周年に当たる、いわゆる'Brancaster Activity Centre

1998-2018'であったからである。しかしロブ・ジョーンズ氏とその他多数の人々と会えたことは幸いであった。ロブ・ジョーンズ氏とはBrancaster Activity Centreやその他の興味あることなどについて話し合うことができた。知られるようにトラストは今や子供の教育に極めて熱心である。トラストがノーフォークの海岸で子供たちが戸外の活動と学習の機会に恵まれていることにきわめて熱心であることを私たち日本人も忘れてはならない。これこそがBrancaster Activity Centre(7)の大切な役割なのである。私たちはお互いの出会いを喜び、私からは私の著書を渡し、彼からはBrancaster Activity Centre 20周年を記念するバッグとマグカップを頂いた。このときのノーフォーク海岸への訪問も成功であった。

　21日はシェリンガム・パークを訪ねてみた。22日はクローマーにも行き、フェルブリック・ホールへ。ここも再度の訪問であった。シェリンガム・パークもフェルブリック・ホールも、私が初めて訪問したときよりも立派になっており、事実訪ねてくる人々も当時よりもはるかに多かった。

　23日はいよいよノーフォークを去る日であった。クローマーのバス・ステーションを出発し、アイルシャムを通過し、ノリッジのバス・ステーションに着き、列車を利用してロンドン・リヴァプール・ストリート駅へ帰り着いた。ところでノリッジまでの途中、通過したアイルシャムについて一言述べておきたい。

　ここは小さいながら瀟洒な町で、「カントリィ・ハウス保存計画」(1937年)のもとにトラストへもたらされた最初のカントリィ・ハウスであるブリックリングは、ここから西北へ2kmのところにある。このブリックリングがトラストによって獲得されたのは1942年である。そして私が最初にここを訪ねたのは1985年であった。クローマーからバスでノリッジに向かった私は、忘れもしない周囲のオープン・カントリィサイドをエンジョイし、そしてオープン・カントリィサイドが国民社会でいかなる意義を有するのかを考えていた。そうするうちに、アイルシャムに到着し、ここから西北へ2km歩いてブリックリングに着いた。(8)1997年現在のブリックリングの面積は1,929.6ha.であり、その中にブリックリング・ホールとパーク(私園)、森林、25の農場、137の家屋とコテッジなどがある。(9)「カントリィ・ハウス保存計画」によって最初に獲得されたもう一つのカントリィ・ハウスは、ノーサンバーランドのウォリントンである。この

第8章　ナショナル・トラストの大地をゆく

チューダー朝時代のトラストの商人の館から見た港町テンビー（2018.7）

カントリィ・ハウスにはフィールド・ワークを重ねるために数回訪れたが、1997年現在、16の農場、カンボの村の大部分および標高300mに及ぶ広大な荒野を含む5,248.9ha.を占める大地である。[10]

6．ウェールズ南西部へ

　ノーフォークからロンドンに着いた翌々日の7月25日には、私たち夫婦はウェールズの南西部を目指すことにし、ロンドン・パディントン駅を午前8時45分に出発し、スウォンジィ駅に到着、ここで乗り換えてテンビーに着いたのは昼過ぎであった。ここは古い町で、町の中心にはチューダー朝時代の商人の館が1937年にトラストに与えられている。それにここの港からカーマゼンシァ湾にある Caldey Island を一周する舟旅もある。この舟旅に参加すればリドステップ岬をはじめ私のまだ知らないトラストの資産も目に入るかもしれない。商人の館もこの舟旅も私を十分に満足させ、癒してもくれた。すでに予約してお

いたホテルの主人はペンブロークやスタックポールに行くには列車よりもタクシーを使うようにと熱心に勧めてくれた。このような親切なイギリス人にしばしば恵まれるのは、私たち夫婦が日本人であるよりも、私たちがナショナル・トラストの会員で、トラストの研究者であるからであろうか。

　翌26日朝、タクシーのドライバーが来てくれた。ホテルを出発してまずリドステップ岬に着く。この岬の東のほうへ向けて眼をやる。ここはリドステップ港だ。観光客が多い。次に西のほうへ眼を向ける。東西の海岸もナショナル・トラストの海岸だ。前日の舟からも東西の海岸が目に入ったはずだ。この海岸を十分にエンジョイしてから、車はさらに西のほうへ走る。ドライバーが親切で大いに助かる。次いで足を運んだのはフレッシュウォーター・イーストだ。もうこの辺りからトラストのスタックポールの海岸に入る。ここは2016年に私たち夫婦が歩いたところでもある。

　この朝、テンビーのホテルを出発した私たちがスタックポールの Outdoor Learning Centre へ着いたのは午前11時半頃であった。トラストの Learning Centre の設立については、スタックポールが１番目だが、２番目の Brancaster Activity Centreだけでなく、今後、湖水地方やコーンウォールなどでも設立し

たい旨を表明してくれた。ただこのような自然保護教育については、単に自然保護教育だけでなく、もっとこの運動には大きな広がりをもたせねばならないことは言うまでもない。

　自然破壊自体、近年に始まったのではない。イギリスで工業化（産業革命）が始まったのは1760年代からであり、産業革命以降、農村から都市へ人口が移動したことに加えて、人口も急増し、都市化が急速に進行した。その結果、貧困と欠乏、そして都市の過密化が社会問題化した。このように考えると、都市貧民のためのレクリエーションと綺麗な空気のためにオープン・スペースが必要であることがまもなく理解され、オープン・スペースを救おうという要求が生じたことは容易に理解できる。

　歴史家として高名なG. M. トレヴェリアンのナショナル・トラストに関する1929年の論説によると、鉄道の出現する前の1829年のイギリスは、いまだワーズワスやターナーやコンスタブルの世界であり、かつまた人工物と自然とがうまく調和していたという。

　そうだとすれば産業革命を経て鉄道時代が出現するとともに、イギリスでは重工業段階に移行してのちに、本格的に自然破壊が進み、それがいよいよ重大な社会問題へと化していったことになる。資本主義経済が進む限り、工業化と都市化、そして自然環境破壊は決して避けることのできない定式化であることは間違いない。そのうえに1830年代以降、鉄道敷設を基軸に石炭業、鉄鋼業、機械工業など重工業を急速に発展させ、これを武器にイギリスが自由貿易政策のもとに世界に君臨し、繁栄を誇ったその裏には、すでに国内においては自然破壊が進み、環境問題が出現しつつあったことを決して忘れてはならない。それとともに私たちは、この時期のイギリス経済がすでに農業危機を内に孕ませつつあったことにも注意しておかねばならない。ついに農業危機が現実化した時、農村経済が衰退するばかりか、農村社会の崩壊をも招くのだということも決して忘れてはならない。[11]

　繰り返しになるが、私たち夫婦は、26日朝、タクシーを利用してテンビーをあとにリドステップに着いた。この海岸を十分にエンジョイして、さらに西方へ走る。ついでフレッシュウォーター・イーストに着く。それから2016年12月に訪ねたスタックポール・キーを左に眺めながら、まもなくすると右側にこの

ネプチューン・キャンペーンで購入した海岸地、フレッシュウォーター・イースト（2018.7）

日から28日まで3日間宿泊するインを通過して、ついにボッシャーストンの近くにあるトラストのOutdoor Learning Centreに着いたのは午前11時半頃であった。2016年12月にここを訪ねたときには、この日が休みで、係の人が不在だったのは残念だった。したがってその日は周囲の建物などを見学して、次の機会を待つことにした。

　幸いに今回（7月26日）は予約していたので、マネージャーのAck Moore氏とTracy Whistance女史に会うことができた。会見できた場所はOutdoor Learning Centreの事務所であった。両人の説明によると、スタックポールを訪ねてくる人々すべて（年齢制限なし）に刺激的で、興味深い感動を与え、ここの自然環境が与える刺激を受けながら、その刺激こそがここを訪ねてくる人々の心に自然環境への永続する愛情を生み出すという。それにトラストが考察するプログラムは柔軟で、かつ各々の学校が希望する訪問の目的に合わせるように努めている。一日の活動は少人数のグループに分かれ、指導される。各々のグループはスタックポールの派遣する教育者によって導かれ、教育者は活動に

第8章 ナショナル・トラストの大地をゆく

スタックポール・アウトドア・ラーニング・センターの事務所内でムーア氏と（2018.7）

スタックポールの事務所の入口でウィスタンス女史とともに（2018.7）

十分な資格を持ち、あるいは経験も持っている。各グループは、学校から派遣される教師あるいは責任のある人々によって行動することになる。1グループはふつう12名の子供を超えず、また2名の大人に付き添われる。

　それはさておいて、Stackpole Outdoor Learning Centre は Stackpole Estate の中心に位置し、ここを訪れる人々がボシャーストン、スタックポールの岸壁、そしてバラファンドル湾、スタックポール・コートの歴史的な跡地に行くには近いところにある。また最近一新された Learning Centre には140名の訪問客が宿泊でき、現代的な設備を整えた宿泊施設が用意されている。なおペンブロークシァ海岸国立公園であるこの Stackpole Estate の海岸地は2,138.8ha.の面積を占め、エンタプライズ・ネプチューン基金で購入された。なお特筆すべきは、ボシャーストン湖では見事なユリの花が咲き、そのうえカワウソの撮影に成功したトラストのボランティアの夫妻にも会ったし、またスタックポール岬の崖地には多種の野生生物が生存している。

　上記のスタックポールの状況については、2018年7月26日朝、テンビーを出て、スタックポールに着いてからの様相および2016年12月に同地を訪ねたときの状況を含めて説明したものである。

　7月26日には、スタックポールを訪ね歩くうちに、東側にフレッシュウォーター・イーストという相当な広がりをもつ丘が目に入った。思えばさらに東のほうにはタクシーを降りてリドステップ岬へ歩を進めるうちに東西に砂浜があるのに気がついたことについては先に述べたとおりである。ここは私たちの乗ったタクシーのドライバーが、リドステップの砂浜を確認するように勧めたところだ。この日のドライブは2016年12月の私たちのフィールド・ワークを含めて貴重な体験となったのは確かだ。2016年にはスタックポール・キーのボート・ハウスでティーやコーヒーを飲みながら定年退職したばかりの夫妻から、上述のとおりボシャーストンでカワウソを撮影したことも教えてもらったし、またドライブにも誘ってもらった。今回のスタックポールでの私たちのフィールド・ワークは、2016年の体験を含めて貴重な成果をおさめたようだ。7月26日のフィールド・ワークは終わった。

　翌27日のフィールド・ワークはスタックポールの西端の地にあるフレッシュウォーター・ウエストを訪ねることにした。この日は私たちのインの奥さんの

おかげで、そこへ向かった。私の中では、フレッシュウォーター・イーストからウエストまで繋がっていた。それ以上にテンビーからフレッシュウォーター・ウエストまで繋げてもよいかもしれない。なぜならばペンブロークシァのスタックポールの海岸線は世界一と言ってよいほどに美しい海岸線で繋がっており、またこの海岸線のとてつもなく長い距離をトラストが守り、管理しているからである。

28日は、私たちのインで休養することにし、一日を過ごす。いよいよ29日である。ペンブロークシァを去らねばならない。午前中に奥さんの車でペンブローク駅へ。2016年にはペンブローク・ドック駅へ連れて行ってくれ、列車が来るまでの時間を利用して、石油精製工場の近くまで行き、私たちがこれらの石油精製工場を実際に見たいと思っていただけに彼女の親切心をありがたく思ったものである。彼女たちも地元の人々と一緒にこの石油開発計画に反対し、運動を続けたけれども反対運動はついに功を奏さなかったという。私の故郷の志布志湾石油開発計画は、「志布志湾を石油で汚すな」として反対運動を続けて、もう50周年に達しようとしている。この開発計画が成功したかどうか、もはや尋ねる必要もあるまい。私自身、日本の都市化と工業化が依然として続くなか、ナショナル・トラスト運動がいかなる意味を私たちに投げかけているかを問い続けていこうと考えている。

まもなくするとスウォンジィ行きの列車がやってきた。私たち夫婦はインの人々やナショナル・トラストの人々の親切を胸に収めてペンブロークを、そしてスタックポールに別れを告げた。

7．ウェールズ北部へ

ほぼ2時間するとスウォンジィ駅に着いた。この日はスウォンジィに宿泊。翌7月30日はスウォンジィからレクサム・セントラル駅に着き、この日はレクサムに宿泊。

翌31日には、同じレクサムにある広壮な歴史的建築物を擁するエルディグ（Erddig）へ。ここにはウェールズ語の地名の発音を教えてくれたトラストのアマンダ・ピアソン女史に謝意を表わすためにやってきたのだ。私たちの謝意

ウェールズ語の発音を教わったお礼にアマンダ・ピアソン女史と（2018.7）

を表わすために最近の私の著書（『ナショナル・トラスト100周年への道筋1970〜1995年』時潮社、2018年7月）を渡すことができたのは幸運だった。しばらくエルディグを歩く間に、子供が大切にされているのに気づく。邸内にしろ、戸外にしろ、立派に整備されている。その他農場も立派に管理されていた。なにせ歴史と文化が大事にされているのは、一度でもナショナル・トラストを訪ねると一目瞭然である。

　満足した私たちは、次にウェールズで北西部にある大学の町でもあるバンゴー（Bangor）へ向かう。列車が西へ疾走していくうちにペンリン・カースルが見える。そこを過ぎるともうバンゴー駅だ。何回か訪れている町だ。桟橋へ向けて歩く。新装なった桟橋が見えた。すぐそばにあるかつて知ったパブに入り、B&Bに泊まりたいと話すと、ここはB&Bではないと話して電話してくれる。OKだと言ってくれる。道一つ隔てたちょうど前の建物を指してくれる。玄関のベルを鳴らすと、やや年老いた婦人が出てきた。数年前に泊まったことがあると告げると、引き受けてくれる。私たちの部屋に案内してもらって、しばら

第 8 章　ナショナル・トラストの大地をゆく

くの間落ち着いて過ぎ来しバンゴーの町を思い起こすうちに1991年8月に私自身単身での旅であったが、あの頃は古くてそれほど大きくない桟橋に立ったのを覚えている。このときは、ウェールズを旅したのは3回目ぐらいで、列車だけの旅であった。その日は恐らくペンリン・カースルから帰ってきた日であった。一人桟橋に立った私は、スノードンの山々を見ながら、スノードンの山に公共交通機関で入ることができないことを残念に思ったものだ。ウェールズでのナショナル・トラスト運動をいかにして解明できるのだろうか。不安な思いは消えることがなかった。

　話はさておいて、ウェールズの自然保護活動を自らのフィールド・ワークを軸にしつつ理解を拡げ、かつ深めるための機会は、2003年10月10日から12日まで、北ウェールズのスランドゥドノウにあるナショナル・トラストのウェールズ地方事務所から「スノードニア・ウィークエンド」に参加するように招待されたことに始まる。これは国立公園のスノードニアにおいて、トラストが自然保護活動を行なうにあたって何を基軸にしながらナショナル・トラスト運動を展開しつつあるのかを、私たちに理解させるための機会を提供してくれるものであった。参加者はほぼ30人だったが、日本人は私一人だけであった。参考までにフィールド・スタディのための訪問地はトラストの所有する5か所であった。かつて私はスノードン山岳鉄道によってスノードンの山頂に至り、そこからこの大地を眼下に眺めたことはある。しかしそれだけである。私はこれまで公共交通機関に不案内なままに、眼下の大地を訪ねていなかった。ついにウェールズ各地を訪ねることのできるチャンスが、私にやってきたのである。2003年の夏1か月間、滞英した私にはハードだったが、私は10月7日に再びイギリスへ向かうことにした。10日間の滞在であったが、大成功であった。ナショナル・トラスト運動が現在に至って、いかなる意味と意義を有するものであるかを理解できるようになったのは、私自身、このチャンスを与えられたからであると今もって考えている。このような貴重なイベントをナショナル・トラストが私に与えてくれたことをありがたいと思っている。[12]

　さて話を元に戻して、2018年7月31日、北ウェールズのエルディグからバンゴーに無事に到着し、幸いにB&Bにも宿泊できた翌日、私たち夫婦はバンゴーのバス停からプラス・ヌイドを通っていくバスに乗車し吊り橋を渡り、しば

らくするとプラス・ヌイドに停車する。しばらく歩いて行くとトラストの Plus Newydd Country House and Gardens に入場できた。この18世紀の邸宅はメナイ海峡の岸辺にあって、はるか向こうには素晴らしい景色が目の前に開ける。そしてメナイ海峡を渡ったところには、スノードニアの手前にやはりナショナル・トラストの所有する Vaynoll Hall も目にすることができる。このように描けば、メナイ海峡を渡って東のほうへ、ベトゥズ・コエドのあたりまで、115 Ordnance Survey はほとんどが Snowdon に包まれていると言ってよいのだろうか。この日はこれで満足して、再び吊り橋を渡ってバンゴーのバス停へ戻ってきた。

　翌8月2日、方角を変えてベセスダ（Bethesda）まではバスが走っているらしいので、同じバス停へ行き、しばらく待つとベセスダ行きのバスが来た。いよいよベセスダへとバスが走る。予告通りバスはベセスダで停まる。この町でタクシーを探す。しばらくすると運よくタクシーが見つかった。今度はスリン・オグウェンへ走る。この車はトラストのカーネシィ山脈とグルーデリィ山脈の威容に触れながら、オグウェン湖に着いた。車はここまでしか走ってはならないという。親切な運転手が「ここで5時間ほどフィールド・ワークをしながら、スノードンの威容をエンジョイするがよい。5時間後には必ず迎えに来る」という。私たちはドライバーの言葉に従うことにした。この辺りは前に記したように2003年10月10日から12日まで、いわゆる「スノードニア・ウィークエンド」に参加していたから、ある程度ウェールズの地理に慣れてはいた。私たち夫婦は喜んでトラストの大地を歩くことにした。オグウェン湖を左に見ながら、グルーデリィ山脈を眺望することのできるイドウォール渓谷とイドウォール湖を目指して岩山を登り始める。私にはここは岩だけだと思っていたのだが、実はそうではなかった。豊かな動植物の生息地でもある。

　イドウォール湖に着いた。イドウォール渓谷とイドウォール湖を控えた荘厳なというか、または威厳を存分に備えたグルーデリィ山脈が私たちの前に立ちはだかった。この山は北スノードンでの登山家たちのメッカである。後ろを振り向くと、カーネシィ山脈を右のほうに広大なオープン・スペースを見下ろすことができる。ここからはオグウェン川がコンウィ湾へと注いでいる。両山脈を含むこの大地が国際的にも重要な自然風景であることは十分に肯ける。しか

第8章　ナショナル・トラストの大地をゆく

荘厳なイドウォール湖（2018.8）

もこの大地の大部分がナショナル・トラストによって管理・運営されているのである。それにトラストがウェールズ・カントリィサイド評議会（CCW）やスノードニア国立公園局など政府・行政部門と建設的なパートナーシップを組んで、この地域を守っていることの意味を一刻も早く私たち日本人は理解しなければならない。

　ここは1951年、ペンリン・エステートの相続税の代わりに政府に収められたものが、トラストへ譲渡されたのであって、1997年現在71km²である。ここには8人のトラストの借地農がいる。このように見てくると、この大地では自然と人間、そしてそれらの織りなす歴史と文化が混然一体となっている様子を容易に想像できよう。そのうえ牧羊業を主とする農業活動と、登山者、観光客たちによって生み出されるツーリズムが両立しつつ、活力あるコミュニティが維持されているのである。それにこのような大地こそ、トラストの言うオープン・カントリィサイドである。むろんここはアクセス自由である。

　最後に、この地を地質学および地形学など自然科学研究の観点から見ておくと

次のとおりである。カーネシィの大部分の51km²が、特別科学研究対象地区（SSSI）に指定され、イドウォール渓谷が1954年に国立自然保存地（NNR）に指定された。それにイドウォール湖が1971年にラムサール条約に指定された。この条約は、とくに水鳥の生息地として国際的に重要な湿地に関する条約である。これらの自然保存地はいずれもナショナル・トラストの所有地である。

　上記の私の体験は、2003年10月11日、ナショナル・トラストの「スノードニア・ウィークエンド」のもとにベトウズ・コエドからスリン・オグウェンの間に実施されたフィールド・ワークの体験を参考にしつつ、2018年8月2日に私たち夫婦によって行なわれたフィールド・ワークを示したものである。この日の私たちの行動は、オグウェン湖からイドウォール渓谷を中心に注意深く歩き続けることであった。タクシーのドライバーの言う通り、私たちはほぼ5時間を使って北スノードンのフィールド・ワークを行なった。ドライバーとの契約の時間に間に合うように、オグウェン湖の辺りに降りてしばらくの間は時間が残されていたので湖のそばにある説明板を読み、そのほか私の2003年10月11日の自らの体験などに考えをめぐらしていた。オグウェン湖からベトウズ・コエドまでの貴重な体験を再び正確に思い出すことは不可能であったが、私たちは満足していた。トラストのスローガンである 'for ever', 'for everyone' のためのトラストの努力は確実に実行されていた。この日のバンゴーのバス停からベセスダまでとオグウェン湖までのタクシーによる利用、そしてグルーデリィ山脈とイドウォール湖、そしてイドウォール渓谷を再び踏みしめたことを幸運な体験と考えねばならない。この日も満足した気持ちでB&Bに戻ることができたのは幸いであった。

　翌8月3日朝には4日間の宿泊を感謝しつつバンゴー駅へ。そしてチェスター駅へ。ここで乗り換えてロンドン・ユーストン駅に帰着。8月3日夕から7日まで私用を兼ねてロンドンに滞在。

8．リヴァプールへ

　8月8日には友人のグレアム・マーフィ氏が住んでいるリヴァプールへ。無事到着。再会を喜ぶ。彼とは、彼の著書 *Founders of the National Trust* を

第8章　ナショナル・トラストの大地をゆく

翻訳して以来の友人であるが、彼と初めて会ったのは1991年8月、リヴァプールにあるトラストのスピーク・ホールにおいてであった。彼とはそれ以来、私がイギリスを訪問するたびに会っている。今回は彼が何を考えてのことかはっきりしないが、私たち夫婦が彼の家を訪問するや「スピーク・ホールに行ってみよう」と誘ってくれた。言われるがままに、というより進んで私たちは彼の車に乗り込んだ。

車が走り出ししばらくすると、ビートルズの一人、ジョン・レノンの家の前で停まった。ここはジョン・レノンの妻のオノ・ヨーコさんがトラストに献呈したものである。我々は家の前で他の観光客と一緒にしばらく立ちながら、外側から眺めた後でスピーク・ホールに向かった。日本人がナショナル・トラストに好意をもってくれているのは何としても嬉しいことだ。しばらくすると懐かしいスピーク・ホールに着いた。駐車場は一杯だったが、何とか駐車できた。マーフィ氏の言うとおり、スピーク・ホールは見事に変わっていた。このことについて、もはや説明するまでもないであろう。家庭菜園もあり、子供の遊び場も整備されている。トラストが education for children を重視していることもすでに記した。

9．ワイト島へ

8月14日は計画していたようにワイト島に渡る日である。ロンドン・ウォータールー駅からポーツマス・ハーバー駅に着いてライドの桟橋を渡って、ライドのバス・ステーションからベントノーに着いたのは午後2時を過ぎていた。ホテルに着いたのは午後5時前だっただろうか。私の行きたいのはベントノーではなく、ワイト島の西方にあるコンプトン湾の浸食状況をこの眼で確かめたかったのである。このベントノーのホテルのレセプションには中年の紳士がいた。コンプトン湾の浸食状況を確認するために適当なホテルがあるかどうかを聞いてみた。開口一番、ベントノーからバスでニューポートに行き、そこから乗り換えてホテルのあるフレッシュウォーター湾を通過するバスを利用しなければならないと教えてくれた。親切にもホテルも紹介してくれた。やはりナショナル・トラストを研究するためにイギリスに来ていることを知ったからであ

ろう。ホテルはフレッシュウォーター湾のバス停の前にあるという。

　8月15日、ベントノーのバス・ステーションで待っていると、ニューポートへ行くバスが来た。乗り込んでしばらくするとニューポートに着く。しばらく待っているとフレッシュウォーター湾を通過するバスが来た。内陸を走っているうちに私たちのバスはやがてフレッシュウォーターのバス停に止まった。下車するとそこがアルビオン・ホテルだ。入るとレセプションの女性2人が待っていてくれた。早速手配をしてくれて、浸食している海岸がよく見える部屋に案内してくれた。部屋に持ち込んだ荷物の整理はそそくさと適当なところにおいて、窓を開けてフレッシュウォーター湾とコンプトン湾を注視する。まず近辺を歩くと浸食がひどい。ただこの破壊じみた浸食状況はここだけではない。イギリスだけでも数多くある。浸食によるもの、洪水によるものを合わせれば、無数にあると言ってよい。

　「イギリスで、海から75マイル（120km）以上離れて住んでいる人はいない。島国の私たちにとって、海はかけがえのない存在だ。精神的にも物質的にも、私たちは海岸と離れては生きていけない。海は無限の力だ。このことを私たちは忘れてしまい、危険な状態に置かれている」[13]。

　この文章はトラストが2005年に刊行したパンフレット「変動する海岸—変化する海岸線とともに生きる」（'Shifting Shores–Living with a changing coastline'）の冒頭文である。トラストは、海岸の変動が次の100年間に、トラストの資産にいかなる影響を及ぼすのかをより正しく理解するために、民間業者や政府関係機関の研究結果を援用しながら、ナショナル・トラストが独自の海岸危機のアセスメントを編み出した。それによるとショッキングに近い数字が得られた。それらによると次の100年間を通じてトラストの資産のうち169か所が海岸の浸食によって土地を失う恐れがある。これらの土地のうちの10％が100mから200mまで浸食され、5％以上が200m以上に及ぶ恐れがある。それに現在、合計約1万エーカー（4,050ha.）に及ぶ126か所が、満潮時による洪水の危険に晒されているという[14]。

　それではトラストはこれらの緊迫した事態にいかに対処しようとしているのか。言うまでもないが、トラストの資産で生じつつある事態は、トラストによる直接の開発行為によって生じたものではなく、いわば「もらい公害」か、あ

第8章　ナショナル・トラストの大地をゆく

るいは自然変動によるものである。このような事態に直面して、トラストのなすべき仕事は、影響を被った場所をそれぞれ詳細に調べ上げ、地元の人々や他のパートナーたちと協力しながら解決策を練り上げることだ。大まかにいえば、変動が生じた場合、その変化に逆らわないで暫定的な手段を用いて時間を稼ぎながら、その変化とうまく折り合いを付けようというわけだ。

　ところで海岸の変動に対するこれまでのイギリスの対策は、岩石やコンクリートで強力な対抗策をとることだった。それではこのような強力な対抗策に対するトラストの考えを聞いてみよう。

　「海面上昇と強力な暴風雨が増えるにつれて、このような防御物をつくり、そして維持するのはますます困難となり、かつ費用もかかる。それらはまた海岸を台無しにし、そして問題を他の場所に移して、さらに環境破壊を引き起こす。それ故に強力な防御物は最後の手段としてのみ使われるべきである[15]」。

　ここにトラストの海岸変動に対する基本的な方針が、変化に逆らうのではなく、その変化に順応しながら、人間をはじめ他の動植物のための持続可能な解決策を探求することであることがわかる。

　上記のことは私がすでに学習したことである。このことを前提にしながら、まずホテルの近辺を歩いてみた。浸食がひどい。私たち夫婦の今回のイギリス生活はすでに3か月目に入った。疲れも意識するようになってきている。この日（8月14日）は休養して、日本のことを考えてみよう。

　私の故郷の鹿児島県志布志湾の反開発運動が本格的に開始されたのは1971年である。当時全国的に有名でさえあった志布志湾闘争が強力なものであっただけに、鹿児島県が新大隅開発計画を打ち出して20年目の1990年3月、土屋佳照知事は県議会で「新大隅」に係わる開発計画は、住民による大規模な反対運動と、その後の経済情勢の変動もあって、70ha.を埋め立てた志布志町（市）の志布志港改修工事と柏原海岸の石油備蓄基地建設（1985年着工、1993年完成）だけとなった。私たちが子や孫のために海を、そして自然を守れと叫んだスローガンは、今や地球規模の命題になっていることを思うとき、私たちの反対運動と先見性とを高く評価しても良いであろう。

　国家石油備蓄基地建設については、1985年に着工、1993年に完成した。その結果、砂浜に異変が起きている。一部分がせり出し、一部分は浸食されている。

167

崖崩れが著しいワイト島のコンプトン湾（2018.8）

　浸食された部分は、防風林の松林に迫りつつある。これは備蓄基地建設のためばかりでなく、志布志湾改修工事による影響も加わっているのである。このままいけば16kmにわたる砂浜はまもなく消滅しそうな気配である。その他漁獲物も減り、漁種にも変化が生じたし、地元の人口減少は今でも続いている。志布志湾改修工事も今なお続行中であり、これは再び海の埋め立てを行ない、志布志湾をさらに拡張しようとする計画であり、また漁場をつぶして海洋レジャー基地を創ろうというものである。この計画案が地域経済に決して資するものではないことだけは明らかである。結局は地域経済ばかりか、わが国をも滅ぼすことは明白である。私たちは決してこの計画案を許してはならない[16]。

　さて話を本文に戻そう。8月14日、ワイト島西部にあるフレッシュウォーター湾のアルビオン・ホテルに落ち着いて、フレッシュウォーター湾とコンプトン湾に眼を向けてみると、渚の浸食のひどさに驚いた。まず思ったとおり、コンプトン湾の崖地が浸食されているのに驚いたし、また規模はそれほど大きくはないが、ブルック湾の崖地の浸食のひどさにも驚いた。また1997年8月、初

第8章　ナショナル・トラストの大地をゆく

浸食されるコンプトン湾の全貌（2018.8）

めてワイト島にわたりニードルズを注視してベントノーを経由し、シャンクリンに戻る途中、コンプトン湾も確かに通ったはずだが、そのときには崖地が崩壊または浸食しているのには気づいていなかった。こういうこともあって、再度浸食がどの程度であるかを確かめるために、私たち夫婦は翌15日にはタクシーを使ってコンプトン湾およびブルック湾へと走ったのである。両者とも相当な崩壊あるいは浸食にさいなまれているのがはっきりと確認できた。どこまで崩壊あるいは浸食が進むのだろうか。

　15日午後にはバスでニードルズを再度見るためにアラム湾へ急いだ。バスは遊技場のあるところで停車した。ニードルズを見るために歩き始めたが、途中で止めることにした。それよりもチェア・リフトを利用するほうが安全だと考えた。このリフトは無事に降りてくれたが、私自身はリフトを離れることをしなかった。その代わりにニードルズを含めて周囲を注視した。さすがに背後にある崖地の崩壊は相当に進んでいるようであった。恐怖感すら覚えたと言ってよい。ただ2kmほど離れているニードルズの状態というか、状況については定

かではなかった。ニードルズの存在自体は見えたのだから、いずれにしても海中に没していなかったことだけは確認できた。しかしそれらの島が海中に沈み、姿を隠すのがいつになるかはわからずじまいだった。翌16日には、再びバスでアラム湾へ行き、それからヤーマスへ。この日がアルビオン・ホテルに宿泊する最後の日であった。

8月17日にはホテルを出て、コンプトン湾とブルック湾を右手に見ながらニューポートを経てライドに着き、ポーツマス・ハーバー駅からロンドンへ。この日から19日までロンドンのホテルに滞在し、20日はコッツウォルズのノースリーチに一泊して、トラストのシャーボン農場を訪ねることにする。

10. シャーボン農場とナショナル・トラスト本部へ

8月21日にはシャーボン村のナショナル・トラスト事務所へ。当日は2年前に転勤してきたサイモン・ニコラス氏、マイク・リチャードソン氏、さらにクレア・フレイター女史とも会い、説明を受けることができた。シャーボン村は1987年以来1,674.6ha.の農地と森林地を遺言のもとに獲得している。現在、ウィンドラッシュ川を漁場へ転換し、川岸は生物多様性に富んでいる。なおシャーボン村の農場で実験農場が始められたのは1993年である。私たち夫婦がシャーボン事務所を訪れたのは午後1時半頃であった。事務所でしばらくの間シャーボン村の事情を説明してくれた後、サイモン・ニコラス氏とマイク・リチャードソン氏が私たち夫婦を車に乗せ説明しながら、シャーボン村の各所を詳しく案内してくれた。トラストの農業や森林地など典型的なオープン・カントリィサイドを思わせる場面を彷彿させてくれるに十分であった。夕方近くになり事務所に戻ると、クレア・フレイター女史が待っていてくれた。しばらく話しているうちに彼女の故郷がイギリス南西部ドーセットシァのコーフ村であることを知りびっくり。というのは私のナショナル・トラスト研究の発端がコーフ城のトラストへの遺贈であり、コーフ村を何度も訪ねているからである。その後ニコラス氏が車で私たちをノースリーチまで送ってくれて、バスでサイレンシスターへ。

22日はサイレンシスターからスウィンドンのナショナル・トラスト本部へ。

第 8 章　ナショナル・トラストの大地をゆく

デイビッド・バロック氏（Head of Species & Habitats Conservation, ecologist）とジェン・ウォルドロン女史（Fundraising Manager）の二人が出迎えてくれた。ロブ・マクリン氏（Head of Food & Farming）が出張のためにバロック氏が代わりに私たちを出迎えてくれたのである。マクリン氏が不在のために農業問題については質問しなかったが、2人のトラストの要員と昼食を同じくし、歓談を十分に行なえたことに満足し、午後2時半頃にスウィンドン・バス・ステーションからハイワースへ。いつものB&Bに宿泊し、23日にはトラストのコールズ・ヒルを訪れる。ここの家庭菜園は広い。各種の農産物が栽培されている。菜園には2名のフランスの青年がボランティアとして働いていた。その後旧知のウィタカー夫妻宅を訪問、ナショナル・トラストや日本のことなどを話し合い、楽しい時間を過ごすことができた。

　24日にはウィタカー夫妻が私たち夫婦をスウィンドン駅まで送ってくれ、ロンドン・パディントン駅に無事到着。

　8月25日にはロンドン・ウォータールー駅からヘイズルミア駅で下車。そこからタクシーでハインドヘッドで降り、ギベット・ヒルまで歩き、そこを左手に降りた。A3号線で4車線のトンネル工事中であるのを見たのは過去数回あるが、今回初めて4車線が完成しているのを見届けることができた。高速道路が完成しても、自然風景がそれほど壊されていないのは幾分慰みであった。何はともあれ、現在でもハインドヘッド・コモンズおよびデビルズ・パンチ・ボウルはヒーリングを与え、かついつまでも続く散歩とサイクリングおよび乗馬の楽しみを与えるところである。

　翌26日は火災に遭遇したクランドンをもう一度確かめようと思い、ロンドン・ウォータールー駅からクランドン駅へ行く。今回のナショナル・トラストへの旅の最後になったが、修復の作業は着実に進んでいた。トラストのスローガンを掲げておこう。'for ever, for everyone！' 翌27日にヒースロー空港へ。

（2018年記）

【注】
（1） *Impact Review 2017/18*（National Trust, 2018）p.3.
（2） 'Visits, Tours and Lectures 2018'（National Trust, 2018）.
（3） *Impact Review 2017/18*（National Trust, 2018）p.3.
（4） 筆者著『ナショナル・トラスト100周年への道筋1970〜1995年』（時潮社、2018年7月）120〜121ページ、388ページ。
（5） 筆者著『ナショナル・トラストの軌跡Ⅱ 1945〜1970年』（緑風出版、2015年5月）54〜55ページ、169〜170ページ、『ナショナル・トラスト100周年への道筋1970〜1995年』299〜300ページ。
（6） 筆者稿「第6章　ナショナル・トラストと地域経済の活性化」、トトロのふるさと財団編『武蔵野をどう保全するか』75ページ。
（7） 'Brancaster Activity Centre' etc.（National Trust, 2018）.
（8） 筆者著『ナショナル・トラストの軌跡　1895〜1945年』（緑風出版、2003年）243〜245ページ。
（9） *Properties of the National Trust*（The National Trust, 1997）、筆者同上著243〜247ページ。
（10） *Ibid.*, p.198.
（11） 筆者著『ナショナル・トラストの軌跡　1895〜1945年』22〜23ページ。筆者著『イギリス植民地貿易史―自由貿易からナショナル・トラスト成立へ―』（時潮社、2017年6月）
（12） 筆者稿「第9章　ナショナル・トラストと自然保護活動―持続可能な地域社会を求めて―」『西洋史の新地平―エスニシティ・自然保護・社会運動―』（刀水書房、2005年）138〜157ページ。
（13） 'Sifting Shores–Living with a changing coastline'（The National Trust, 2005), p.1.
（14） *Ibid.*, p.5.
（15） 筆者著『ナショナル・トラストへの招待〔改訂カラー版〕』（緑風出版、2023年7月）197ページ。
（16） 全国自然保護連合編『自然保護事典②〔海〕』（緑風出版、1995年）273〜275ページ。

第9章
ナショナル・トラストの戦略

1．ウォリントン・エステートとキラトン・エステート

はじめに

　ナショナル・トラストの成立およびその理念と大義については、本書において幾度も述べており、なかでも拙著『ナショナル・トラストの軌跡　1895～1945年』の29～31ページに詳しい。

　周知のとおり、私たちは今やより豊かになっているが、毎日の生活からくる圧迫やストレスから逃れる必要性が今ほど急がれるときはない。

　2012年現在、トラストの会員数は380万人を超え、トラストのカントリィサイドと海岸を訪れる人々は1億人以上に達し、そしてボランティアは5万人以上を超え、これらの人々が毎年トラストの大義（cause）に結集しつつある。

　他方、気候変動（climate change）、そして近くは原発稼働の問題など、切迫した問題は数多くあるが、わが国について言えば、「日本が壊れる」といっては言い過ぎであろうか。ナショナル・トラストについて言えば、これまでその所有地を'永久に'、そして'すべての人々のために'の約束を実行しながら、ナショナル・トラスト運動の目的をさらに深めつつあることは、これから述べることからも明らかになるはずである。

　トラストは自らが働きかけている社会に影響を及ぼし、それと同時にトラストが懸命に実行しつつある目的を推進させることによって、社会を新たにつくり直そうとしている。そのためにはトラストが、人々に親近感を与え、彼らがトラストの仕事に加わり、それに彼らが考えていることをトラストに知らせ、トラストの仕事に影響を与えることだ。そのためにはトラストは、より多くの

人々、なかでも若い人々をトラストの活動に引き込まなければならない。将来に向けて行なわなければならないことはあまりにも多いが、なにはともあれ、人々がトラストの運動に加わることが何よりも大切である。それからトラストの自然保護担当理事のピーター・ニクスン氏の次の言葉にも耳を傾けておこう。

「実践することによって、人を説得しなければならない。それこそ他人に同じことを行なうように仕向けることができるのだ。見本を示すことによってこそ、人を導くことができるのだ」⁽¹⁾。

（1）イングランド北東部：ウォリントン・エステートへ

　私たち夫婦がイギリスへ向けて成田空港を発ったのは2012年5月17日。同日夕、ヒースロー空港着。ロンドンのホテルで、イングランド北東部にあるウォリントン・エステートに行く準備を整えたのは午後10時頃だったろうか。翌朝、ロンドン・キングズ・クロス駅へ向かう。ニューカースルで下車したところで、モーペスのB&Bに電話。予定どおりモーペスに着くことを告げ、ウォリントンのスコッツ・ギャップの事務所に行くためのタクシーを手配してくれるように依頼。このB&Bには3日間宿泊の予定だ。5月にはバスのサービスがなく極めて交通の便が悪い。

　ウォリントンは、1937年第2次ナショナル・トラスト法が成立したのを武器に、「カントリィ・ハウス保存計画」が開始されたとき、それを契機にナショナル・トラストへ譲渡された。1941年のことだ。この年譲渡されたものにノーフォークに位置するブリックリング・エステートがある。この2つの壮大なカントリィ・ハウスこそ、カントリィ・ハウス保存計画を象徴する双璧をなすものと言っても良い。もちろん両者とも広大な大地を有し、前者が約5,250ha.、後者は約2,590ha.を有する。

　ウォリントンを最初に訪ねたのは1997年7月30日のことだ。14年後の2011年8月11日には、トラストの考古学者のハリー・ビーミッシュ氏によって、この大地の全体像を車で走りながら紹介してもらった。

　さて3回目の訪問である2012年5月17日、モーペスのB&Bに着くと、すでにタクシーの女性ドライバーが待ってくれていた。B&Bでの挨拶も束の間に、スコッツ・ギャップのトラストの事務所へ向かう。昼過ぎに到着。建物は historic

第9章 ナショナル・トラストの戦略

イングランド北東部にある壮大なカントリィ・ハウス、ウォリントン（2011.8）

houseで、どこでもそうだが事務所内も立派で、清潔である。

　土地鑑定士のアン・シール夫人が待っていてくれた。しばらくの間、インタビューに応じてくれて、ウォリントンにある15の農場の一つであるニュービゲン・ハウス農場へ向かう。借地農のトッド夫妻を訪ねるためだ。この農場については、ビーミッシュ氏がこの農場を含めた総合的農業基本計画（Whole Farm Plan）を日本に送ってくれていたので、おおよそのことは理解していた。問題はトッド氏が、トラストとの間の借地契約書を私に見せてくれるかどうかだ。

　その前にトッド氏とトラストとの関係についてしばらく考えてみよう。トラストは土地所有者であり、トッド氏は借地農である。ただし両者は従属関係にあるのではない。パートナーシップの関係にあることを忘れてはいけない。この関係を保っていてこそ、トラストの現在の戦略である「地域の再生」も実現可能なのである。

　契約書については、私の熱意もトッド夫妻に通じたはずだが、シール夫人の私への推薦も功を奏したはずだ。快く契約書を読むことを許してくれた。それ

から屋外へ出て、周囲の面積147.7ha.のニュービゲン・ハウス農場について説明してくれた。相当に広い。それより一人いる子息が後を継いでくれるようで心強い。そういえば後述するキラトンのジャーヴィス・ヘイズ農場の子息も後を継いでくれるという話であった。このことが、この農場を私が勉強しようという気にさせてくれたのである。

　先に記したようにニュービゲン・ハウス農場の面積は相当に広いし、それにここはウォリントン・エステートの入口でもある。ウォリントンの大邸宅を訪問する人々の数は、常にトラストの邸宅の訪問者数の上位を占め、2010/11年は20万人を超えた。このことからもウォリントン・エステートはこの地域の重要なツーリズムの中心地のはずだ。これらのことを理解するためにもニュービゲン・ハウス農場のフィールド・ワークは欠かせない。

　翌朝、10時に前日の女性ドライバーが私たちのB&Bに来てくれた。スコッツ・ギャップを目指して走るが、途中でドライバーの提言で、ミドフォード・カースルを通過してみることにする。ここもウォリントン・エステートほどではないが、大きなエステートであるから、何かの参考になるかもしれない。あるいはウォリントンに併合されるかもしれないと言うと、彼女も不可能ではないとの返事をしてくれた。しばらく走ってスコッツ・ギャップ事務所の近くで北のほうへハンドルを切ってもらう。ロスリィ・クラッグズを通過して、十字路のところで停止。車を降りて周囲を凝視する。ウォリントン・エステートの15ある農場をすべて眼にしたかどうかはともかく、北のほうへはスコットランドへの道が延び、南のほうはウォリントン・エステートがその美しさを増して、イングランド北東部の偉大な大地の一つとして生きている様子だけは確認できた。再び南下してスコッツ・ギャップの前で下車。いよいよニュービゲン・ハウス農場を歩道に沿って歩くことにする。その前にカンボの村落地、初等学校、スコッツ・ギャップの村落地およびトラストの事務所はそれぞれ近接しており、ウォリントンの中軸をなすとともに風光明媚な様相を呈している。現在は15の農場を含めて、一つの教区教会もあり、この土地で生計を立てている世帯数は66で、ここ数年の間、人口は変わらないままであるとは、初等学校で教わった。もう一つ、ここの地域コミュニティと、特に農民たちは、この土地の自然の生物多様性と共同の管理者として、ナショナル・トラストとともに責任を有して

第9章　ナショナル・トラストの戦略

ニュービゲン・ハウス農場のトッド夫妻とトラストのアン・シール女史と（2012.5）

いる。このことはトッド夫妻から聞いたことだ。それにこの土地の大部分は農業のために改良されてきたが、まだこのほかに2つのSSSI's（特別科学研究対象地区）もある。

（2）ニュービゲン・ハウス農場へ

いよいよニュービゲン・ハウス農場をこの足で踏みしめることにしよう。さもなければこの農場の農業活動とナショナル・トラストとのパートナーシップとの関係が、いかに円滑に推し進められつつあるかも理解できないからだ。

前日、シール夫人に教わったとおり、トラストの事務所の左後方にある駐車場からニュービゲン・ハウス農場に入ることにする。右側にはスコッツ・ギャップの集落地と、農場内には考古学上の調査の跡地と思われるところがある。もう少し行くと鉄道の廃線がある。列車は1863年から1962年まで走っていたが、今はスコッツ・ギャップの事務所から自由な歩道となっている。この線路は二手に分かれており、私たちは左側の廃線を歩くことにした。この線路には各種

の低木が植えてあり、これらは鳥や昆虫の生息地となっており、ここはトラストが管理している。

　なおこの農場については、トラストとの借地契約書と総合的農業基本計画とこの農場との関係を示す冊子が与えられているので、これらにしたがってこの農場について、その様子を紹介することにしよう。

　この廃線を進むうちに、トッド家の住居と今はこの農場で使用されていない農場家屋が見えてきた。そこからこの農場の北側を見下ろすことのできるまっすぐな歩道があるのだが、そこを単車で上ってくる人影が見えた。そのうちに私たちのほうへ向かってきた。トッド夫妻の子息であろう。手を振ると、手を振り返してくれる。車の後ろには犬が乗っていた。前日私たちを迎えてくれた大きな犬ではなかった。きっと彼の愛犬であろう。彼がこの農場の後継者となることをトッド氏は期待している。森へ入り、廃線を進むうちに囲い込みの歴史的な風景も見えた。いわゆる生物多様性が守られ、各種の動植物の種が保護されているのがわかった。ここで念のために記すと、この農場の大部分は耕地である。西のほうへ歩いていくうちに漸く車道に出た。道は北へ向かってローリングしながら下り坂となっている。B6343号線に比べると車の数は多くない。しばらく歩いて行くと初等学校があった。ここでカンボ・パースチャー（放牧場）の所在を尋ねると、学校を道一つ隔てたところにあった。ついでに学童数および家族数の動向について聞くと、'steady'とのこと。別の農場には馬がいた。馬は相変わらず人なつこい。村落地こそ癒しの場だ。カンボの村落地を通過してまっすぐ行くと、無事ウォリントンに着いた。すぐ近くの時計塔で待っていると、定刻どおり5時に帰りのタクシーが来てくれた。

　翌5月19日は、かつて訪ねたことのあるクラッグサイドを再び訪ねることにした。ここは発明家のウィリアム・アームストロングが世界で初めて水力発電所をつくり、電気をつけた最初の邸宅である。それに鉄製の橋を渡ってみるのも良い。私が1997年8月にここを訪ねたときにはこの橋を渡れなかったのである。しかしクラッグサイドを再び訪ねたのには別の理由があった。この地所は農場を含めて1,567.8ha.を占めている。ここへはモーペスからバスで行くにはそれほど遠くはない。ウォリントン・エステートへの距離とそれほど差異はない。1997年、私がウォリントンを訪ねたとき、モーペスからこれもまたトラス

第9章　ナショナル・トラストの戦略

トの資産であるクラッグサイドへ行き、ここから歩いてロズベリィの町へ行った。この辺りから南のほうを仰ぎ見たい。この辺り一帯がやがてトラストの大地になることは夢ではないと考えたからである。クラッグサイドのあの鉄の橋を今回は渡ることができたし、そのほか自然の美しさもより一層改善されていた。訪問者もウォリントンに劣らず多かった。

　これでウォリントン・エステートの研究の手掛かりは摑めたようだ。あとは総合的農業基本計画とトッド家とトラストとの間の借地契約書を検討することが残されているだけだ。

（3）イングランド南西部、キラトン・エステートへ

　5月31日はイングランド南西部のキラトン (2,590ha.) へ行く日である。それはとにかく既述のウォリントンを去る日に、そこのスタッフからトラストの理事長のフィオナ・レイノルズ夫人がケンブリッジ大学のエマヌエル・カレッジの学寮長に就任するためにトラストを去ることを聞かされた[2]。彼女と最初に会見できたのは、2001年4月2日、まだ本部がロンドンにある時であった。この年はイギリスで口蹄疫が発生し、広がりつつある時であった。しかも彼女が初めてナショナル・トラストの理事長に就任して間もなくのことであった。もうこの頃には湖水地方のトラストの農場でも、ついに口蹄疫が発生し、トラストもショックを受けていることを私も知っていた。彼女との会見の冒頭に発せられた言葉が Sheep crisis！　Herdwick！であった。Herdwick とは湖水地方特有の羊種で、ビアトリクス・ポターが改良に努めた羊である。

　トラストには人材が豊富だ。職員、会員、ボランティアたちがそれぞれパートナーシップを組み、この難局を乗り切っていくに違いない。自然保護には国境はない。私は苦悩しつつあるトラストと農家の人たちを励ますために心ばかりの寄付金を理事長に手渡した。その後、帰国してしばらくしてから理事長から私宛にナショナル・トラストの賛助会員にするとの通知があった。その後、手紙のやり取りはしばしばあったが、直接に面会する機会を得られなかった。直接会えたのは2006年2月22日、ロンドンで開催されたエンタプライズ・ネプチューン（海岸買い取り運動）に関する講演会に招かれた時だった。その後スウィンドンの本部を訪ねた時も留守で、直接会えないままになっていた。

5月31日、キラトンへ行くのを機会に、スウィンドンの本部を訪ねることにした。しかも予約なしだから会えるのはほぼ絶望的だったが、それでも理事長のフィオナ・レイノルズ夫人への手書きの書状を携行していた。誰かに会えるはずだ。レセプションの女性も熱心に会うべき人を探してくれた。幸運にも自然保護担当理事のピーター・ニクスン氏が現れた。私は早速彼女への書状をニクスン氏に手渡した。私は彼女がナショナル・トラストに対して12年間にわたる重責を立派に果たしたこと、トラストを去った後もこれまでと同じくトラストのためにも活躍されることを祈念したい。そして私としても、これからもナショナル・トラストの研究を続けることを書いておいた。ニクスン氏には、妻と私の名前でナショナル・トラストのこれまでの功績と、これからの国際的な役割に期待を込めて、いくらかの寄付金を手渡した。彼は私のナショナル・トラスト研究の方向性を知っているはずだ。これからキラトンを訪ね、ジャーヴィス・ヘイズ農場に3日間、滞在することを告げた。

　ナショナル・トラストと借地農との関係については、すでに記したように、常にパートナーシップの関係にあることは周知のとおりだ。この農場が、トラストがとっているワクチン接種への方向性に賛成しているかどうかを確認してほしいとの要請であった。ここのトム・ハメット氏がこのことについていかなる見解を抱いているかについては後述するが、私自身も関心があるので、当然引き受けてヒーリス（トラスト本部）を後にした。

　さて私たちがキラトン・エステートのB&Bを兼営しているジャーヴィス・ヘイズに到着したのは午後3時過ぎだった。エクセター・セント・デイヴィズ駅からこの農場へは5kmほどで、エクセターの近郊地にあるといってよい。全体の面積は2,640ha.で、農業用地は1,812ha.で、23の農場を持ち、これらのうちジャーヴィス・ヘイズは80ha.を占めている。私がこの農地を研究の対象地に選んだのは、ここがB&Bを兼営し、しかもここからレストランに行くのに、この牧場を通り、牛たちに送迎されるのが楽しかったし、また子息が農業用機械を修繕しているのを見て、彼がこの農場を継ぐ意思を示してくれたことも大きかった。それはとにかく、前年の7月にこの農場に4泊したのを機会に、キラトン・ハウスにある事務所で1時間余をかけて私のインタビューに応じてくれたし、翌日には車を使ってキラトン・エステート全域を回ってくれた。この

第9章 ナショナル・トラストの戦略

イングランド南西部にある18世紀の館と美しい庭園を有するキラトン（2011.7）

　説明つきのドライブがこの上なく貴重なフィールド・ワークであったことは言うまでもない。しかしそれにしてもこれだけでキラトンを実感したとは言えまい。ましてやナショナル・トラストの戦略たる「地域の再生」を体感できたと言いきることもできまい。真のナショナル・トラスト運動を理解するためには一度ならず複数回、歩かねばならない。このように私は考えているのである。
　それでは次にもう少しキラトンの農場であるジャーヴィス・ヘイズ農場についてトム・ハメット氏とのインタビューを含めて簡単に記しておくことにしたい。

　現在のイギリスを含めたEU諸国の農業環境政策は新たな環境保全事業（Environmental Stewardship Scheme）に取って代わられている。したがってEUのCAPの改正は生産の保護から離れて農業経営を環境も利することのできる文化的な変化に道を開きうる政策となっていることに注目したい。かくてトラストはこのような変化に照らして農業収入と村落地の管理運営に対して新しい方

ジャーヴィス・ヘイズ農場の羊たち（2012.6）

向性を目指すべく努力している。例えばトラストの目的を、農地のもつ環境上の資源を活用し、かつ財政的に実行可能な農業組織を支えることに向けている。そのためにトラストの借地農に農業経営の経済的基礎を拡げるように奨励している。ジャーヴィス・ヘイズ自体、基礎的に持続可能な農業に従事し、大部分は牛と羊の飼養に努力を傾け、残りの農地（16ha.）には家畜の飼料としてトウモロコシを栽培している。私たち夫婦は滞在中できるだけ農場を歩いた。ここは主として家族経営であるが、農繁期にはパートタイマーや、工事請負会社を使うとのことであった。その他ここ11年間農業に関心を示す青年たちを受け入れている。その他ワクチン接種については、トラストの方針に賛成しているとのことである。

　ところでキラトンの事務所によれば、この農場はまだ総合的農業基本計画のもとに農業経営は行なっておらず、考古学上の評価書、2003年の自然保護報告書および土壌管理プランのもとに、この農場とパートナーシップを組みつつ、農業経営を行なっているとのことであった。そこで6月1日、キラトン・ハウ

第9章　ナショナル・トラストの戦略

ジャーヴィス・ヘイズ農場のハメット夫妻と一緒に（2012.6）

スにある南西部地域事務所を訪ねて、これら3本の資料を渡された。借地契約書は、ハメット氏にインタビューを果たした翌日に、奥さんのサラさんからコピーを頂いた。この農場については次節に譲ることにする。

2．ウォリントンのニュービゲン・ハウス農場とキラトンのジャーヴィス・ヘイズ農場

はじめに

　いかなる時代であれ、人間は絶えず自然に働きかけ、自然を人間の生存に適合した形に作り替え、その果実を消費することによって、生活し続けなければならない。これこそが、人間の基礎的な営みであり、かつ再生産が可能なのである。それとともに、資本主義的生産過程が剰余価値の生産を目的とする限り、拡大再生産過程をあくまでも続けざるをえないことも明白であり、その過程で工業化と都市化および外国貿易が自然資源を確実に潰していくことも間違いない。このように考えると、資本主義的生産過程が次の社会体制のための諸条件

を生み出すとはいえ、現下の気候変動や原発問題などを考えただけでも、「日本が壊れる」とか「地球が潰れる」とか考えるのは言い過ぎであろうか。

　既述したように、ナショナル・トラストは今や「地域の再生」を掲げつつ、自らが働きかけている社会に影響を及ぼし、同時にトラストが実行しつつある目的を追求することによって、社会を作り直そうとしている。

　自然＝大地を基礎とする農業部門が、いわゆる地球温暖化の衝撃を抑えるのに重要な役割を果たすことも間違いない。したがって温室効果ガスの排出を抑えるのに農業部門そのものの有する効用を高めるために、ソイル・カーボンの蓄積量を増加させることが極めて効果的であることも自明のとおりである。かくしてナショナル・トラストがソイル・カーボンの管理のための知識と実践をあげるのに特有な地位を有していることも言うまでもない。

（1）ニュービゲン・ハウス農場

　以下においては、まずウォリントン・エステートに含まれるニュービゲン・ハウス農場に的を絞り、総合的農業基本計画とこの農場とウォリントン・エステートを三位一体との関係で考慮しながら、ナショナル・トラスト運動の真髄がいかなるものであるかを考えてみよう。

　言うまでもなくトラストの土地は国民のために所有されているのだ。周知のごとくトラストの土地に対する責任は永久であり、かくてこれらの土地の大部分は譲渡不能であり、国民のために永久に所有されているのであって、それ故に議会の承認なくして販売されたり、強制的に購入されることはない。

　これらの土地こそ人々が生計を立てるために依拠している自然環境であって、ナショナル・トラストが管理している自然環境である。それと同時にこれらの土地こそが野生生物の多様性を支えていること、そして新鮮な空気と水を私たちに供給していることも忘れてはならない。

　それでは上記のことを確認しておいて、いよいよニュービゲン・ハウス農場に的を絞りつつ、この農場とウォリントン・エステートの関係を考慮しながら、ナショナル・トラスト運動の真髄がいかなるものであるかを考えてみよう。

　地図にあるように、ニュービゲン・ハウス農場は遠隔地にあるとはいえ、ウォリントン・ハウスへの入口にあたるところに位置している。かくしてこの地

第9章　ナショナル・トラストの戦略

ウォリントン・エステートとその周辺

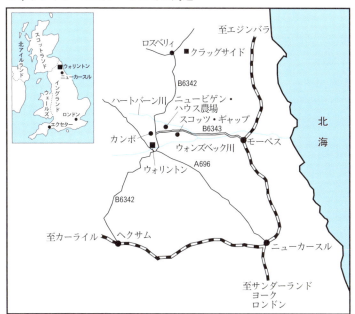

はカンボの村落地、学校、スコッツ・ギャップの村落地およびナショナル・トラストの北東部地域事務所がそれぞれ近接しており、ウォリントンの中軸をなすとともに、風光明媚な様相を呈している。それに私自身も体得したように、ここの借地農のトッド家とナショナル・トラストは相互に信頼を維持しながら、望ましいパートナーシップの下に活動している。それにトラストのスタッフと一緒に作成された総合的農業基本計画は、今や国民的に重要な役割を演じており、ニュービゲン・ハウス農場の場合も、Whole Farm Plan–Newbiggen House Farm–Wallington Estate（May 2005）を三位一体として位置づけながら考えていかねばならない。

　このように考えると、ニュービゲン・ハウス農場はウォリントン・エステートにおいて、統合された農場の管理・運営上の範例の一つだといってよい。この農場は耕作地と関連した鳥の集団をも支えている。したがってこの農場は農業実践、自然保護および歴史的名勝地と両立する学習およびレクリエーションのための重要な場所である。そのほかこの農場に特有な余剰の建物は、それら

185

の保護を保証する方法で利用されるように考えねばならない。それからこの農場で生産される農産物は、ここのエステートのファーム・ショップに良質の生産物を供給する農場の一つとなることを期待されたのだが、残念ながらこのショップは2011年、私たち夫婦がここを去った後に閉鎖されることになった。このことを私が初めて知ったのは2012年3月、トラストの考古学者のビーミッシュ氏のEメールによってであった。彼によるとこのファーム・ショップは開店以来10年間を通じて赤字続きだったそうだが、トラストのビジネスの指導者たちはやるだけのことはやったとのことであった。後日、私は再びこのショップの再開の可能性を聞いてみた。残念ながら開店の可能性はなさそうだった。

　ところでニュービゲン・ハウス農場は、ビーミッシュ氏によれば、現在この農場はオート麦の大部分を大きな食品加工場に販売しているという。それにしてもこの農場がここのファーム・ショップに良質の生産物を供給することを期待されていたことだけは確かであっただけに、残念としか言いようがない。ビーミッシュ氏も考えるように、ここは遠隔地である。それに大邸宅および庭園はツーリズムの中心地である。2011年の訪問者数は20万人を超え、2012年には22万人に達している。観光客がわざわざかさばる生産物を買ってくれるであろうか。しかし次のように考えることはできないだろうか。私は2012年5月17日、この農場を訪ね、B6343号線を走る車を見ながら、農場を見学に来る人たちがいるかどうかをトッド夫妻に聞いてみた。否定的な返答であった。私が初めてウォリントンを訪ねたのは1997年7月30日であった。この時、大邸宅の前で数十名の身障者の児童たちが、先生に引率されているのを見たことを覚えている。森の中には子供たちの遊ぶ場所もあった。ウォリントンの人口の動きはsteady！である。それにスコッツ・ギャップにあるトラストの地域事務所は地元の雇用者でもある。このように考える時、将来、この農場だけでなく他の農場も含めて、これらが農業、自然保護およびツーリズムのためのかつ学習のための重要な場所となることを期待することは不可能ではない。

（2）キラトン・エステート——ジャーヴィス・ヘイズ農場

　ナショナル・トラストは今や優に115年を超す経験をもつ自然保護のための社会事業団体である。会員は500万人を超え、ボランティアは67,000名に達して

第9章　ナショナル・トラストの戦略

いる。所有する土地はイングランド、ウェールズそして北アイルランドのうち土地は1.5％以上（約25万ha.）で、そのうちの80％は農業用地であり、海岸線は全体の20％以上（1,200km以上）を占める。トラストの戦略が「地域の再生」であることは周知のとおりである。このカントリィサイドこそ重要な動植物の生息地や自然風景を有していることは言うまでもない。それにこれらの大地こそ健全な食料の生産だけでなく、生物多様性に富んでいる。工業化と都市化が止まないなか、健康とリクリエーションおよび癒し、そして地域社会の繁栄と再生に、トラストの大地がいかに大切な役割を演じているかは、トラストが繰り返し論じているところである。CAPの改革が農業支持を生産から切り離して、農業にも環境にも利益を与えるような道を切り開きつつあることも周知のとおりだ。

　キラトン・エステート自体、その中心地に18世紀の邸宅と庭園を有し、イングランド南西部の主要な観光地であり、2012年には約17万人の人々が訪れている。この2,640haのエステートには、この地の伝統的なコテッジと広大な森林地と果樹園などがあり、そこには中小の規模をもつ19の農場があり、牛や羊が放牧され、また穀物畑が広がっている。ここでウォーキングをエンジョイしたいならば、公共の歩道やトラストが用意した歩道がある。十分に癒しのための機会を与えられるはずだ。

　トラストの地域再生のための戦略は、単に持続可能な土地管理を実現するだけでなく、地産地消のための食料を供給し、また一般の人々や学童に自然環境教育を実施している。したがって総合的農業基本計画はキラトン・エステートでは未だトラストの地域再生の戦略の道具として採用されてはいないけれども、ここでもすべての土地を持続可能な土地とするために、トラストのスタッフと借地農ともども連帯して働き、キラトン・エステートを統合して管理・運営していくことに努力を傾注しているのだ。かくしてキラトン・エステートの目的は、この土地の空気、土、水、野生生物、風景および歴史的文化の環境資源を積極的に守り、そして経済的に採算可能な農業システムを支えることである。そのためにはトラストの借地農がCAPの農業環境保護政策のための各種の補助金に応募するための方法をトラストが積極的にアドバイスすること、および彼らの農業ビジネスの経済的基礎を広げるために、新たなビジネスの機会を奨

励することが肝要である。かくしてこのような機会をスムーズに遂行するためには農業社会と、それと関連した諸組織とがパートナーシップを組んで活動していくことが是非とも必要である。

　それでは19ある農場のうちの1つであるジャーヴィス・ヘイズ農場に的を絞り、ここの農業が現在いかなる状況にあるのか、私がもらった3つの資料と、トラストとハメット氏との借地契約書および私のフィールド・ワークを参考にしながら、この農場の現状と将来にわたる展望を描いてみることにしよう。

　ジャーヴィス・ヘイズはブロードクリスト村にあり、この村はほぼ4,000人の人口を抱え、その一帯にはクリスト川が流れている。ジャーヴィス・ヘイズ農場の面積はほぼ80ha.を占め、トラストの農場としてはむしろ狭い。この農場には牛や羊が飼われ、その他は耕地であり、小麦や大麦、そしてトウモロコシなどが生産されている。ハメット家はこれまで4世代を経ており、1906年以来この農場に移り住んでいる。現行のトラストとの借地契約は1972年3月25日に交わされ、今日に至っている。この農場の家屋は1450年に遡り、その後色々と拡張されてきた。ついでに言っておけば、ここの家屋には余分なものはなく、むしろ新たに新築された農機具を納める家屋がある。

　ところで2001年にはわが国と同様、イギリスでも口蹄疫が発生したが、幸いにキラトン・エステートでは発生しなかった。それでもここから12kmのところで発生したという。この年にはワクチン接種は実行されず、感染した牛や羊はすべて屠殺されたのだが、ハメット氏自身、ワクチン接種には賛成だとのことであった。屠殺場については、ここから50kmのところにあるというから相当に遠距離にあると言ってよい。このことが、運搬の途中に家畜を苦しめるばかりでなく、口蹄疫をはじめ家畜伝染病が広範囲に広がる危険性があることも忘れてはならない。それからクリスト川には清浄な水質のなか、カワウソが生息しているのではないかと期待したのだが、この川ではミンクに追い払われて生息していないとはハメット氏の話であった。

　さてジャーヴィス・ヘイズ農場は今や持続可能な農業を目指している。したがってこの農場はCAPの農業環境政策の一つであるHigher Level Stewardshipを採用している。それではこの農場がいかなる様相を呈しているか。耕地については、この農場を道一つ隔てたところに耕作地があり、この年はトウモロコ

シ（maize）が植えてあった。その他それぞれの耕作地でも、牧場でも、生垣に囲まれている。

　川について言えば、川岸が丈の高い植物によって大部分を覆われているので、水路が見えないところもある。川岸自体はとても豊かな野生生物の生息地であり、そして大きなヤナギソウなどを含む一連の水辺の草木の種を含んでいる。

　生垣と樹木については、それぞれの牧場に設けられている生垣には、低木が生えており、ニレやカシなどがところどころ眼につく。それに木の幹の空洞にはキノコが育ち、そこは無脊椎動物や小鳥、コウモリなどにとって格好の休息の場となっている。それから古いカシの根のあたりには家畜が群がり、そのためにこの厚く葉の茂ったカシはすぐに衰えていくとは言えないが、早いうちに保護しておく必要がある。エクセター・セント・デイヴィズ駅から車でB3181号線をしばらく走ると、やがてこのジャーヴィス・ヘイズ農場に入ってきたということを実感できるであろう。

　もう一つ付け加えれば、牧草地が家畜によって過度に牧草を食べられても、過度に肥料を施されることはない。川辺の農地はすでに持続可能な状態に戻り、いよいよ自然保護の価値を高めつつあることが分かる。農場自体が重要な古い刈り込み木や季節ごとに生じる沼地とともに、生垣には低木やところどころには樹木が立っている。農場家屋のそばに果樹園（りんご）があるが、それらは今のところそれほど多くはなく、将来立派な果樹園が生まれることを期待したいところだ。

　それからこの農場の生産面と野生生物の価値を保存し、かつ高めるためには、農場の端から２ｍのところには噴霧器を使って消毒液などを吹きかけないこと。なぜならこうすることによって農場自体の生物多様性を保つことができるからだ。草地については、クリスト川に沿った草地は永久放牧地として、化学肥料や除草剤を使用しないで管理している。

　川辺や水路および沼地で過放牧を避けるために、家畜を放牧しすぎないことが必要である。そのことが川辺の植物を保護することになる。そしてこれこそがカワウソや川辺に生息する鳥の種類や両生類、そして無脊椎動物のような哺乳動物のための生息地を高めることにもなる。このように考えると、できるならば川岸に少しでも垣根をつくって、植物の成長を願って過度の放牧を抑える

私たちを見送ってくれる牛たち（2012.6）

べきである。そのために川岸や水路あるいは沼地の10m以内には有機物であれ、肥料を過度に使うべきではない。

　農場内を歩くうちに上記のとおりの風景に出会ったのだが、私たちがパブへ行くときに見送ってくれた牛たちの後ろには生垣があり、またところどころには大木さえ立っている。また他の農場では、羊の群れがいくつもの生垣に囲まれ、私たちを興味深そうに眺めていた。7泊の滞在を無事終え、エクセター行きのバスを待っていると、穀物を刈り取った後の切り株が広い農場にあり、ここも生垣に囲まれているのが見えた。牧草地の向こう側にはニレの木がそびえ立っているのが見える。ここはウォリントンとは違い、都市の近郊地である。もちろんイギリスの南西部の観光地の一つであるキラトンが雇用の創出に役立っていることは言うまでもない。

　ただこのような農場を維持していくためには、借地農だけでなく、トラストさえも自力では不可能だ。それだからこそトラストとその借地農はCAPによるHigher Level Stewardshipを採用しているのだ。それに彼らは将来に対する

ビジョンを共有している。たとえば両者とも他の収入のチャンスを効率的に利用し、またプロジェクトおよび土地に基礎を置いたEUの計画（the Rural Development Regulation 2005）から基金を引き出すことによって農場のインフラストラクチャや農場の環境上および経済的持続可能性を発展させることに熱意を持っている。また借地農自体、トラストの農業、環境および考古学上の方針を推進するプロジェクトを実現するために、トラストから基金を供与される機会もある。

このようにトラストは借地農により環境的に、あるいは経済的に採算のとれるビジネスを行なうのを援助するためにアドバイスや情報、連絡および資金を提供することもできるのである。上記の事情は前記のニュービゲン・ハウス農場にも当てはまることは言うまでもない。　　　　　　（以上2012年記）

ついでながら拙著『ナショナル・トラスト　将来を見据えて　1995〜2005年』（時潮社、2022年）の補遺から次のことを書き加えることは許されよう。

2020／21年度年次報告書から予想されたように、新型コロナ感染症によるパンデミックは2020／21年度に会員数を減少させた。トラストは595万人の会員でこの年を始め、537万人の会員数で終わった。資産の閉鎖は新会員の入会を減少させた。それにもかかわらずトラストは、2020／21年度には21万3,056人の新会員を集めることができた（前年度は54万6,647人）。嬉しいことに会員数は2021年4月からは小幅ながら着実に増加しつつある。

ナショナル・トラストは
○500以上の歴史的建造物、城、私園（パーク）および庭園
○25万ha.以上の土地
○1,248km以上の海岸線を有し、保護している。

この年次報告書は https://www.nationaltrustannualreport.org.uk でオンラインにて見ることができる。

余計なことかもしれないが、一国の人口中、会員数が10％を超えれば、この国の構造が変わっていくのは考えられないことではないかもしれない。それだからこそ筆者自身がこれまでナショナル・トラスト研究を続けているのだ。

なおナショナル・トラストの意味について、筆者自身トラスト研究を始めて以来、熱心に探究してきたつもりである。ナショナル・トラストがナショナルであり、かつトラストであるからこそ、今日までこれほどに強力なイギリスの民間団体であるということができるのだ。私自身、議長や理事長はじめ、トラストの会員と同じく、トラストが「永久に」ナショナル・トラストであり続けることを信じていこうと考えている。

　なおイギリスがEUから離脱したのは法的には2020年1月末のことである。このイギリスのEU離脱（ブレグジット）が、ナショナル・トラストにとっていかなる影響を及ぼすかについては、私のトラストへの質問に対するトラスト側からの返答は、現在のところ時期的に考慮して客観的な返答はできないとのことである。したがって最後に私の見解も含めてトラストの次の言葉を紹介して本書の結びとしたい。

　「トラストは、なぜ存在し、そしてどこへ向かっていくのかを知っている。したがってトラストは次々と生じる変化に対して自信を持って対処できる組織体である。……我々はトラストの創始者たちの初心を忘れてはならない」「トラストの強さは、会員、職員、ボランティア、評議員、そして賛助会員（benefactor）たちのビジョンをも共有できることだ」(4)。
　「トラストの19世紀の主な関心が、無分別な工業化に直面して美しい自然を守ることであったとするならば、21世紀の目標は、忍び寄る脅威に直面して、美しい自然を守ることに果敢に挑戦することである。私たちの使命は未来永劫であり、私たちの生きている世界はこれまで以上にナショナル・トラストを必要としている」(5)。
　ナショナル・トラストのナショナルはインターナショナルに通じ、そして「ナショナル・トラスト運動」は人類愛へとつながることも私たちはすでに学んできた。

（前ページ後半以降2022年記）

第9章 ナショナル・トラストの戦略

【注】
（1）*National Trust Strategic Plan 2004-2007 and Delivery Plan 2004/05*（The National Trust）p.17.
（2）*National Trust Magazine*（The National Trust, Summer 2012）p.13. この彼女の報告文は、筆者が帰国した後に読んだものである。
（3）①Jarvishayes Farm（2003）
　　②Archaelogical Summary and Recommendations: Jarvishayes Farm, Extract from Documentary Research undertaken 1986-1992-Jarvishayes, National Trust sites and Monuments Record.
　　③Soil Management Plan for Jarvis Hayes Farm（Simon Draper Agronomy Ltd. June, 2005）
（4）以上 *Annual Report and Accounts 2003/2004*（the National Trust, 2004）pp.2-3.
（5）*The National Trust Magazine*（the National Trust, Spring 2007）p.11.

おわりに

　私が本気で自然環境問題に焦点を当てて研究を開始したのは1971年、鹿児島県志布志町議会で志布志町長（当時）が「志布志湾沖に製油所、造船所などを誘致したい」と発言し、これが「志布志町振興計画」として原案どおりに可決されてからである。この事実を知った時、自らの故郷が壊されてはたまらないと考えたのは当然であった。今となっては地元の人たちと一緒に反対運動に加わったのが、いつからだったかは正確には思い出せない。ただ「志布志湾を石油で汚すな」住民運動12年の記録として『ある開発反対運動』（学陽書房、1982年）が刊行されたのが1982年であるから、それ以前からこの反対運動に参加していたのは間違いない。

　ところで1982年1月24日にわが国の新聞紙上で、イギリスのコーフ城がナショナル・トラストへ遺贈されたことが大々的に報道された。これを知った私たち夫婦は同年3月15日から24日まで初めてイギリスに渡った。わが国にもトラストのような自然保護団体があれば、16kmのあの弓形をなす白砂青松の美しい海岸がよもや破壊されることはないであろうと考えたのである。しかし私たち夫婦の考えは甘かった。私には私の故郷、鹿児島県の志布志湾におけるいわゆる「新大隅開発計画」反対運動に10年以上にわたって参加した経緯がある。この開発計画は住民による強力な反対運動とその後の経済情勢の変動もあって、鹿児島県知事は1990年3月、県議会で「新大隅」にかかる開発計画は1990年をもってすべて終結したことを正式に表明した。その間、あの見渡す限り青い海原だった志布志湾に大きな人口島が姿を現したのである。その結果、砂浜に異変が起きている。一部分がせり出し、一部分は浸食されている。浸食された部分は、防風林の松林に迫りそうな勢いである。しかしこれは備蓄基地建設のためだけでなく、他方志布志湾改修工事による影響も加わってのことである。したがって白砂青松で知られる志布志湾の美しい海岸線は、今ではノコギリ刃のようにズタズタに切り裂かれている。上記の文章は、私が1994年に書いたもの

である。それに私たちが日本人であるならば、次の言葉に是非注目していただきたい。「あらゆる国民の歴史は、その国の政府が行為者となって起こした出来事よりも、むしろその政府をかくあらしめた国民性のほうに注目して書かなければならない」はラスキンの言葉だ。この趣旨の言葉は、2013年8月、トラストの本部で理事長のヘレン・ゴッシュ女史が発した言葉と同じである。

　1984年に私は訳書『ナショナル・トラスト―その歴史と現状』(時潮社、1984年)を刊行した。次いで同社刊行『イギリス植民地貿易史―自由貿易からナショナル・トラスト成立へ』(時潮社、2017年)も、結局は資本主義下、自由貿易が続行する限り、環境問題へ行き着かざるをえないことを明らかにしたものである。その他の著作も含めて、資本主義経済が進むにつれて、必然的に国民経済が歪曲化せざるをえず、ついには資本主義社会が崩壊せざるをえないことを明らかにしたものである。

　渡英のたびに同道してもらい、それと同時に妻からの意見もたびたび受けたし、これらが本書の刊行に大いに役立ったことは言うまでもない。

　それからこれらの著作を刊行するには、私たちの考えに同意していただき、これまでに何回も拙宅を訪れ、根気強く拙稿を待っていただいた時潮社の相良景行前代表取締役および相良智毅代表取締役、そして編集に携わってこられた阿部進氏に深く感謝したい。

2024年11月

四元忠博・四元雅子　共著

地名索引

【あ行】

アイルシャム Aylsham 152
アシュネス農場 Ashness Farm 146
アッパー・ウォーフデイル
　Upper Wharfedale 136, 137
アングルシィ・アビィ Anglesey Abbey
　116, 117
アンブルサイド Ambleside 22, 24, 57
イドウォール湖 Llyn Idwal 162-164
イルフラクーム Ilfracombe 126
ウィズビーチ Wisbech 151
ウィットビィ Whitby 90
ウィルムスロー Wilmslow 140, 143
ウィンダミア Windermere 22, 23, 27
ウィンポール・エステート
　Wimpole Estate 100
ウォースト・ウォーター Wast Water
　58
ウォータールー Waterloo 107
ウォリントン Wallington 90, 152, 174-176
ウォレン農場 Warren Farm 59, 60-63
ウォンストン農場 Wanstone Farm
　103
ウラクーム Woolacombe 126, 127
エルディグ Erddig 159
オグウェン湖 Llyn Ogwen 162

【か行】

カーディフ Cardiff 72
カーニィ村 Kearney Village 122-123
カーネシィ Carneddau 164

カイナンス・コーヴ Kynance Cove
　139
カンボ Cambo 176, 178
北ヨークシァ North Yorkshire 136-139
ギベット・ヒル Gibbet Hill 171
キラトン Killerton 179-181
ギルファド Guildford 118
キングストン・レイシィ
　Kingston Lacey 107, 108, 118-121
キングズウェア Kingswear 106, 107
キングズブリッジ Kingsbridge 106
キングズ・リン King's Lynn 151
キンダー・スカウト Kinder Scout 97
クーム・マーティン Coombe Martin
　126
クウォリィ・バンク・ミル
　Quarry Bank Mill 140, 141
クラウトシャム農場 Cloutsham Farm
　70, 73-81
クラッグサイド Cragside 90, 178
クランドン・パーク Clandon Park
　113, 116, 124, 125, 171
クリスト川 River Clyst 188, 189
グリーンウェイ Greenway 107
グルーデリィ Glyderau 162
グレート・ラングデイル
　Great Langdale 56, 57
クローマー Cromer 150, 152
ケジック Keswick 146, 147
コーフ城 Corfe Castle 98-99, 107, 121, 170

コールズヒル Coleshill　45-49, 171
コーンウォール Cornwall　13, 30, 31
コカマス Cockermouth　150
湖水地方 Lake District　13, 21-28, 55-60, 146-150
コッツウォルズ Cotswolds　94, 102, 170
コニストン湖 Coniston　59
コンウィ湾 Conwy Bay　162
コンプトン湾 Compton Bay　165, 168, 170

【さ行】

サイレンシスター Cirencester　170
サルカム湾 Salcombe Bay　104-106
シートーラー Seatoller　147
シートン・デラヴァル・ホール
　Seaton Delaval Hall　90
シェフィールド Sheffield　127, 142, 143
シェリンガム Sheringham　150, 151
志布志湾　40-42, 99, 159, 167, 168
ジャーヴィス・ヘイズ農場
　Jarvis Hayes Farm　180-183, 188-190
シャーボン農場 Sherborne Farm　44, 93, 94, 170
ジャイアンツ・コーズウェイ
　Giant's Causeway　111, 112
スウィンドン Swindon　42, 43, 91, 128
スウォンジィ Swansea　153, 159
スコッツ・ギャップ Scot's Gap　174, 176, 177, 185
スタックポール Stackpole　154, 156-158
スタッドランド Studland　99
ストアヘッド Stourhead　97, 98
スノードン Snowdon　161

スピーク・ホール Speke Hall　165
スリンドン村 Slindon Village　94-96
セドルスクーム Sedlescombe　143, 144
セルワーシィ・ビーコン
　Selworthy Beacon　72, 73
ソーニスウェイト Thorneythwaite　146, 147

【た行】

ダートマス Dartmouth　106
ターン・ハウズ Tarn Hows　59
ダナム・マッシィ Dunham Massey　108, 109
ダンケリィ・ヒル Dunkery Hill　76, 77
チェスター Chester　164
ディヴィス・アンド・ザ・ブラック・マウンティンズ
　Divis and the Black Mountains　110
デヴィルズ・パンチ・ボウル
　Devil's Punch Bowl　171
テンビー Tenby　153

【な行】

ニア・ソーリー Near Sawrey　27, 60
ニードルズ Needles　169, 170
ニューカースル Newcastle　90, 110（北アイルランド), 174
ニューキィ Newquay　31, 140
ニュービゲン・ハウス農場
　Newbiggen House Farm　175, 177, 184-186
ニューポート Newport　166
ノースリーチ Northleach　170
ノーフォーク Norfolk　150-153, 174

【は行】

ハイワース Highworth 48, 92
ハインドヘッド Hindhead 171
バギー・ポイント Baggy Point 127
バスコット Buscot 45, 48-50
ハッチランズ・パーク
　Hatchlands Park 116-118
パディントン Paddington 98, 104, 139
ハニコト・エステート Holnicote Estate 39, 70-74
バンゴー Bangor 160, 161
ピーク・ディストリクト Peak District 96, 127, 128
ヒーリス Heelis 180
ヒル・トップ Hill Top 24-26, 60
ヒンドン農場 Hindon Farm 44, 71
プール Poole 107
ファウンティンズ・アビィ
　Fountains Abbey 138
フィンチャムステッド・リッジズ
　Finchampstead Ridges 115
フェルブリック・ホール Felbrigg Hall 152
フォース・クラッグ・マイン
　Force Crag Mine 146, 149, 150
フォーンビィ・サンズ Formby Sands 109, 110
フライアーズ・クラッグ Friar's Crag 148
ブランカスター Brancaster 150-152
ブラントウッド Brantwood 60
ブリクサム Brixham 106, 107
ブリストル海峡 Bristol Channel 72
ブリックリング Blickling 152, 174
ブルック湾 Brook Bay 168, 169
ブレイクニィ Blakeney 150
フレッシュウォーター・イースト
　Freshwater East 154-156
フレッシュウォーター湾
　Freshwater Bay 165, 166, 168
フレッシュウォーター・ウエスト
　Freshwater West 158-159
フレッシュフィールド Freshfield 109
ブロックハンプトン・エステート
　Brockhampton Estate 61, 62
ヘイズルミア Haslemere 171
ベセスダ Bethesda 162
ベトウズ・コエド Betws-y-Coed 162
ペットワース Petworth 96
ペンザンス Penzance 139
ベントノー Ventnor 165
ペンリン・エステート Penrhyn Estate 163
ペンリン・カースル Penrhyn Castle 160
ホークスヘッド Hawkshead 27, 60
ポーツマス・ハーバー
　Portsmouth Harbour 165
ボーディアム城 Bodiam Castle 143-145
ホーナー・ウッド Horner Wood 76, 79-80
ホールドストーン丘陵 Holdstone Down 126
ボックス・ヒル Box Hill 35, 36
ボックヒル農場 Bockhill Farm 103
ボローデイル Borrowdale 148, 149

ボッシャーストン Bosherston 156, 158
ボルト・テイル Bolt Tail 104-106
ボルト・ヘッド Bolt Head 104-106
ポレスデン・レイシィ Polesden Lacey 33, 34, 36
ホワイト・クリフス White Cliffs 103

【ま行】

マーロック・ネイチュア・リザーブ Murlough Nature Reserve 110, 111
マウント・スチュワート・ハウス・アンド・ガーデン Mount Stewart House and Garden 124
ミノウバーン Minnowburn 122
メナイ海峡 Menai Strait 162
モート・ポイント Morte Point 126
モーペス Morpeth 90, 174
モーン山脈 Mourne Mountain 111

【や行】

ユーストン Euston 143, 146
ヨッケンスウェイト Yockenthwaite 136

【ら行】

ライ Rye 143
ライド Ryde 165
ランディ島 Lundy 127
リザード・ポイント Lizard Point 139
リドステップ Lydstep 154, 158
リトル・ラングデイル Little Langdale 56, 58
リポン Ripon 138
リントン Lynton 126
レイ・カースル Wray Castle 58, 59
レイブンスカー Ravenscar 88, 89
レクサム Wrexham 159
ロスウェイト Rosthwaite 147
ロビン・フッズ湾 Robin Hood's Bay 89
ロングショウ Longshaw 96, 128, 142

【わ行】

ワイト島 Isle of Wight 165-170
ワーテンドラス Watendlath 147

事項・人名索引

【あ行】

アウトドア・ラーニング・センター　154, 156-158
アガサ・クリスティ　107
アマンダ・ピアソン　159, 160
アロットメント　120, 142, 143
アンガス・スターリング　8, 11, 13, 92
アン・シール　175
入会権　19
入会地　19, 30
入会地保存協会　66
ウィスタンス女史　156, 157
ウィタカー夫妻　171
ウィリアム・アームストロング　178
ウィリアム・モリス　86, 88
ウェールズ・カントリィサイド評議会　163
ウェールズ語　159
ウェストミンスター公爵　20
エンタプライズ・ネプチューン・キャンペーン　9, 30, 32, 51
オクタヴィア・ヒル　8, 19, 20, 151
オープン・カントリィサイド　57, 70, 105, 148, 149, 163
オープン・スペース　19, 29, 30, 155
オールド・ダンジャン・ジル・ホテル　56
王立鳥類保存協会　151
オノ・ヨーコ　165
温室効果ガス　51, 184

【か行】

会社法　20
囲い込み（エンクロージァ）　65
家庭菜園（allotment）　100, 116-118
カワウソ　158
カントリィ・ハウス　22, 111, 124, 152, 174
カントリィ・ハウス保存計画　152
気候変動　43, 69, 131, 173
キッチン・ガーデン　119, 142
郷土愛　7, 15
銀行休日（バンク・ホリデー）法　19
グリーン・ベルト　103, 109, 115, 116
グレアム・マーフィ　58, 164
経済効果　45, 131-133
工業化と都市化　44, 50, 51, 111, 115
口蹄疫　44, 59, 179
こうもり　75, 76, 80
穀物法　16
湖水地方の番犬　14
コミュニティ　65, 118, 119
コミュニティ精神　118
ゴンドラ号　59

【さ行】

サムエル・グレグ夫妻　142
産業革命　17, 65, 86, 141, 155
賛助会員（benefactor）　55, 56, 179
ジェン・ウォルドロン　171
譲渡不能（inalienable）　15, 67
ジョン・レノン　165
新大隅開発計画　40, 167
スコットランド・ナショナル・トラスト　37-39

スーザン・オルコック　17
ステファン・ホア　94-96
スノードニア国立公園局　163
生息地改良プロジェクト　93
1931年財政法　15
ソイル・アソシエーション　45
相続税　15, 163
SOWAP　39, 72

【た行】
第1次ナショナル・トラスト法　15, 67
地域経済　37, 44, 168
地域社会　51
地域の再生　57, 175, 184
ツーリズム　74, 163, 186
デイビッド・バロック　171
鉄道敷設　155
鉄道敷設法案　15, 20
特別科学研究対象地区（SSSI）　164, 177
トッド夫妻　175, 177
トム・ハメット　180
トラスト　66
トレヴェリアン　86, 155

【な行】
ナイジェル・ヘスター　39, 76, 77, 98
ナショナル　15, 66
ナショナル・トラスト国際会議　39
ナショナル・トラストの基本定款　67
ネヴィル・ウィタッカー　48
農業危機　17, 68, 155
農業大不況　16, 74
農業部門　14, 17, 44, 68, 184
農業労働者　44, 132

農工連帯保護制度　16
農水省　118

【は行】
パートナーシップ　40, 66, 69, 163, 175
ハードウィック・ローンズリィ　8, 14, 19, 20
BACKGROUND INFORMATION 1985 8-14
パトリック女史　58, 59
バンクス家　107
ビアトリクス・ポター　22, 24, 60, 179
ピーター・ニクスン　42, 91-93, 121, 128-130, 174
ビートルズ　165
ビーミッシュ氏　174, 175, 186
ヒーリス遺産　60
ヒッグズ家　99, 133, 134
フィオナ・レイノルズ　55, 179
Brancaster Activity Centre　151, 152
ブルジョアジー　86
ヘレン・ゴッシュ　87, 91, 92, 102
ホーキンズ夫妻　61, 62

【ま行】
マーティン・デイヴィズ　136, 145
マイク・ヘミング　26-28
ムーア氏　156, 157
メグ女史　56-58

【や行】
有機栽培　45
ユニタリアン　142
ヨークシャ・デイル・アピール　137

事項・人名索引

【ら行】

ラスキン　60, 87, 102
ラムサール条約　164
リンデス・ハウ・ホテル　58
レジャー・ブーム　19
レッド・ハウス　87, 88
老人経済　89, 124
ロジャー・ウェバー　71
ロバート・ハンター　8, 19, 20
ロブ・ジョーンズ　151, 152
ロブ・マクリン　42, 44
ロンドン万国博　19

【わ行】

ワーズワース　27-28

イギリス全図

付録　ナショナル・トラストの所有資産地図（スコットランドを除く）

1. Cornwall
2. Devon and Dorset
3. Somerset and Wiltshire
4. The Cotswolds, Buckinghamshire and Oxfordshire
5. Berkshire, Hampshire and the Isle of Wight
6. Kent, Surry and Sussex
7. London
8. East of England
9. East Midlands
10. West Midlands
11. North West
12. The Lakes
13. Yorkshire
14. North East
15. Wales
16. Northern Ireland

（注1）地図上に記載されていない資産もある。
（注2）ナショナル・トラストのばあい、州ではなく、16の地域に区分されている。
（注3）地図は2017年の*National Trust Handbook*に記載されたものであるが、デジタル・データをナショナル・トラスト本部から送付していただいたものを使用した。記して厚くお礼申し上げます。

1. Cornwall

2. Devon and Dorset

3. Somerset and Wiltshire

4. The Cotswolds, Buckinghamshire and Oxfordshire

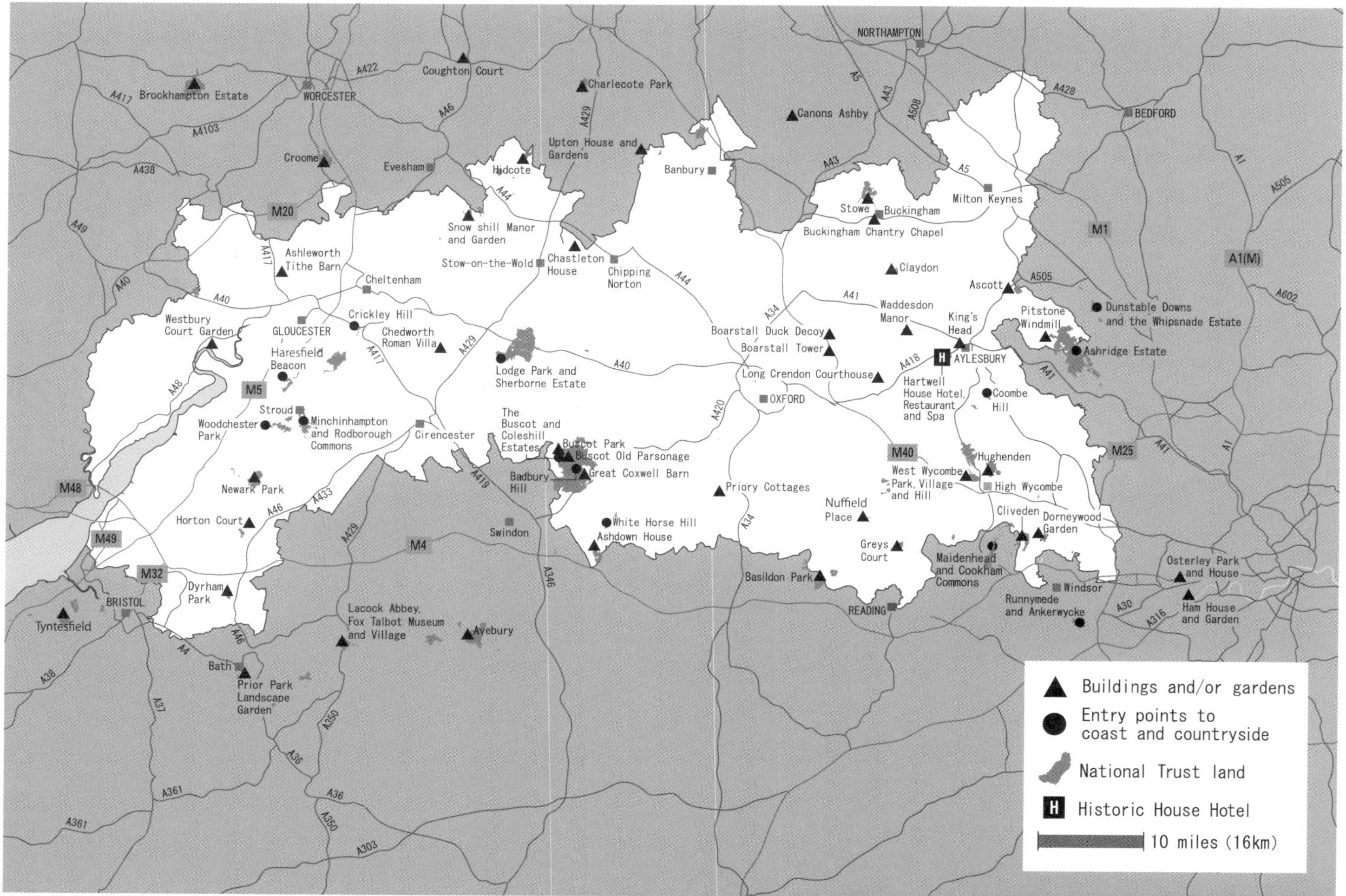

5. Berkshire, Hampshire and the Isle of Wight

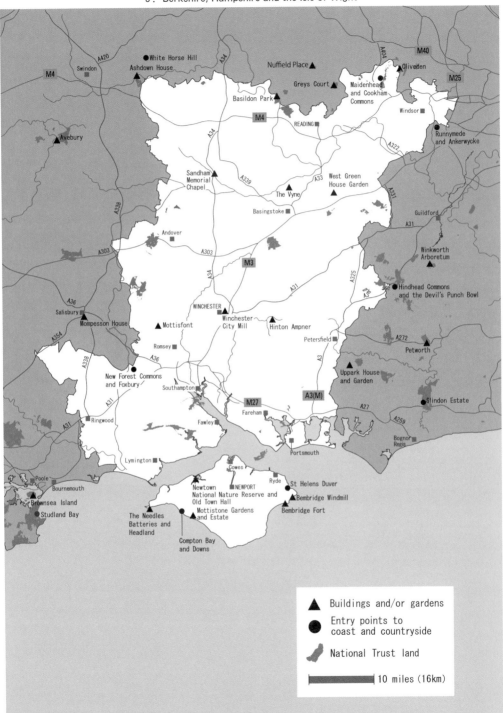

6. Kent, Surry and Sussex

Legend:
- ▲ Buildings and/or gardens
- ● Entry points to coast and countryside
- National Trust land
- 10 miles (16km)

7. London

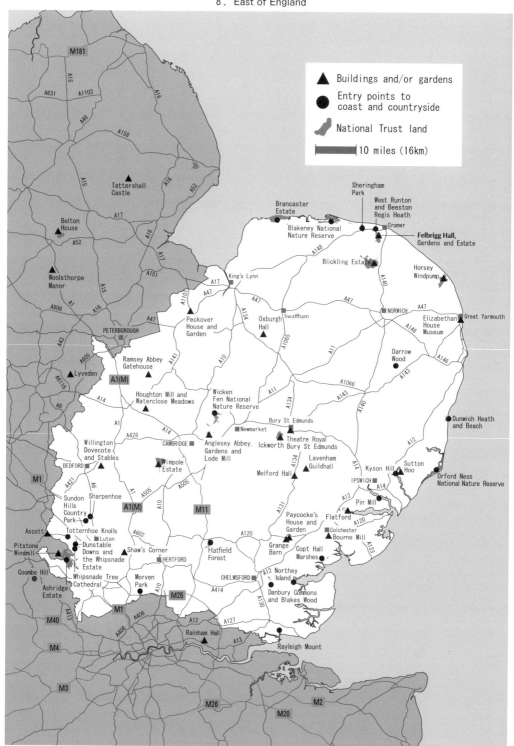

9. East Midlands

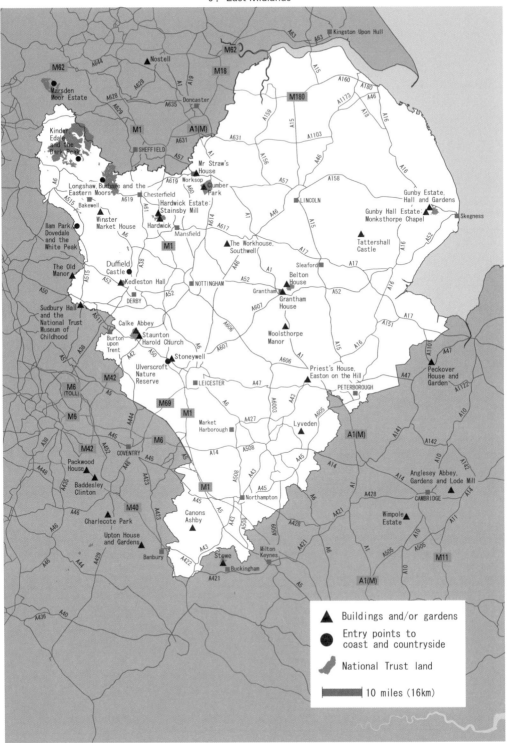

10. West Midlands

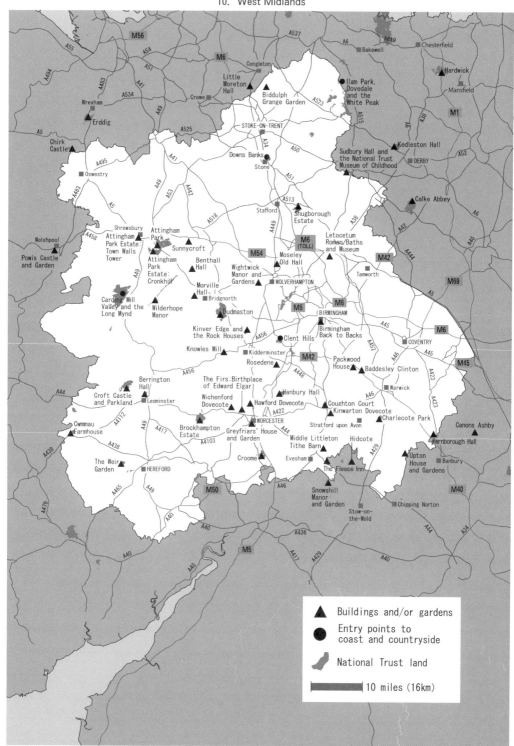

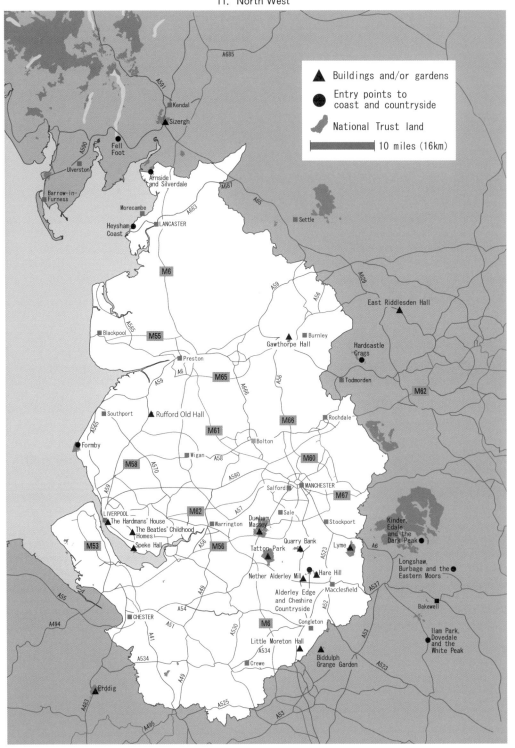

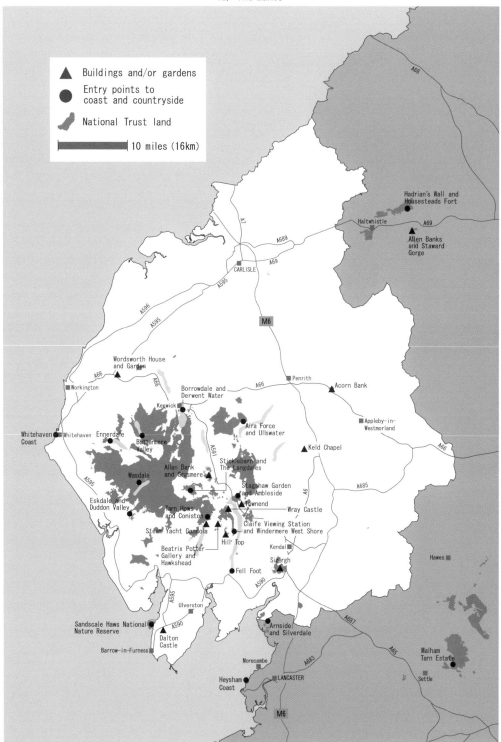

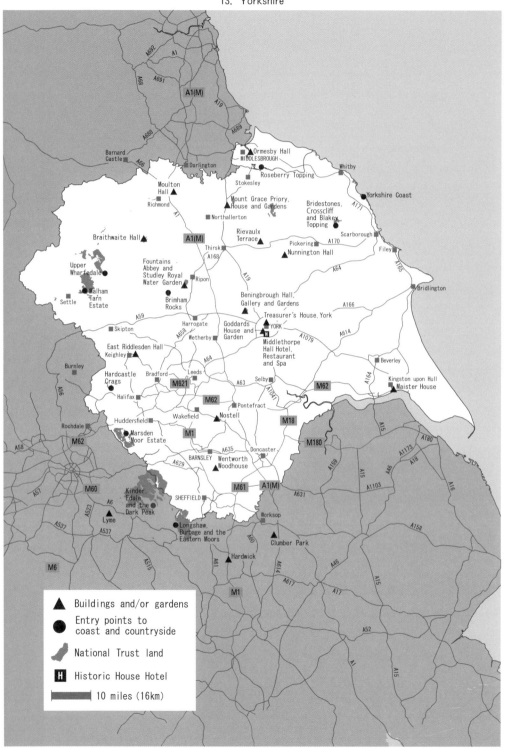

14. North East

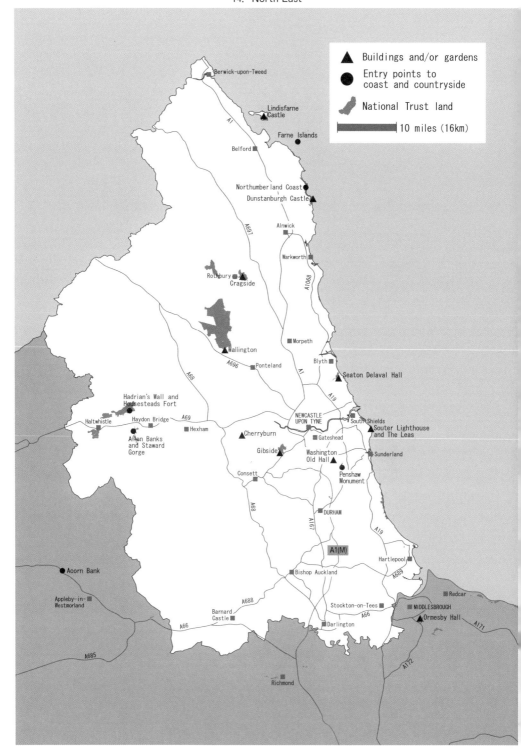

15. Wales

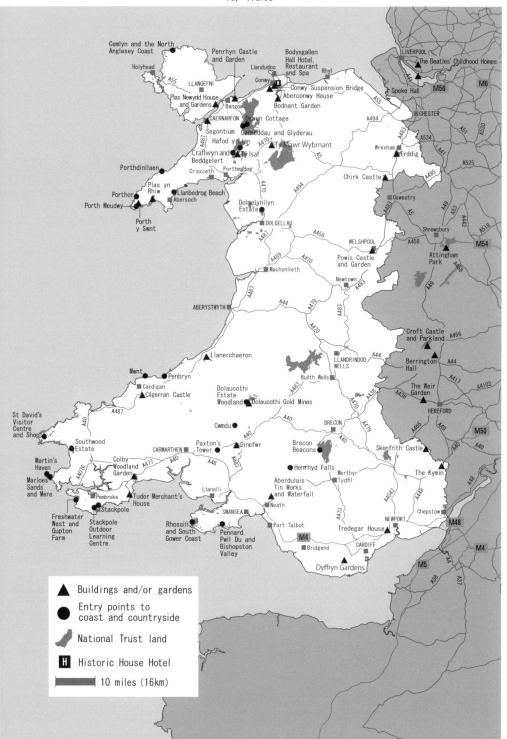

16. Northern Ireland

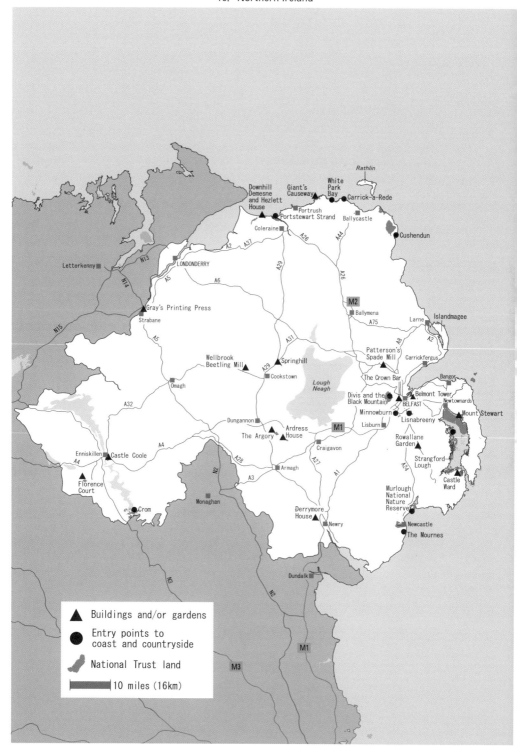

【著者略歴】

四元忠博（よつもと・ただひろ）

　　1938年　鹿児島県に生まれる
　　1964年　埼玉大学文理学部経済学専攻卒業
　　1968年　東京教育大学大学院文学研究科修士課程入学
　　1972年　同大学大学院博士課程中退
　　1972年　埼玉大学経済学部助手
　　2003年　埼玉大学経済学部教授定年退職
　　現　在　ナショナル・トラスト賛助会員

［著書］『イギリス植民地貿易史―自由貿易からナショナル・トラスト成立へ―』（時潮社、2017年）
　　　　『ナショナル・トラストの軌跡　1895〜1945年』（緑風出版、2003年）
　　　　『ナショナル・トラストの軌跡Ⅱ　1945〜1970年』（緑風出版、2015年）
　　　　『ナショナル・トラスト　100周年への道筋　1970〜1995年』（時潮社、2018年）
　　　　『ナショナル・トラスト　将来を見据えて　1995〜2005年』（時潮社、2022年）
　　　　『ナショナルトラストへの招待［改訂カラー版］』（緑風出版、2023年）

［訳書］ヴァンダーリント（浜林・四元訳）『貨幣万能』（東大出版会、1977年）
　　　　ロビン・フェデン『ナショナル・トラスト―その歴史と現状』（時潮社、1984年）
　　　　グレアム・マーフィ『ナショナル・トラストの誕生』（緑風出版、1992年）

論文その他

四元雅子（よつもと・まさこ）

　　1946年　北海道小樽市に生まれる
　　1969年　上智大学外国語学部英語学科卒業
　　1969年　商工組合中央金庫調査部入庫
　　2001年　商工組合中央金庫調査部退職

ナショナル・トラストの大地をゆく

2024年12月10日 第1版第1刷 定 価＝4,000円＋税

著　者　四　元　忠　博　ⓒ
　　　　四　元　雅　子
発行人　相　良　智　毅
発行所　㈲　時　潮　社
　　　〒175-0081　東京都板橋区新河岸1-18-3
　　　電話（03）6906-8591
　　　FAX（03）6906-8592
　　　郵便振替　00190-7-741179　時潮社
　　　URL https://www.jichosha.jp
　　　E-mail kikaku@jichosha.jp
印刷・相良整版印刷　製本・仲佐製本
乱丁本・落丁本はお取り替えします。
ISBN978-4-7888-0772-3

時潮社の本

ナショナル・トラスト 100周年への道筋
1970〜1995年
四元忠博 著
Ａ５判・上製・474頁・定価4500円（税別）

1895年、イギリスで自然環境保護運動の先駆けである「ナショナル・トラスト」が創設された。以後、現在までその運動は私たちに大きな影響と指針を与えてくれている。その100年の足跡を検証し、環境破壊著しい現在に光を与える。

ナショナル・トラスト 将来を見据えて
1995〜2005年
四元忠博 著
Ａ５判・上製・328頁・定価4500円（税別）

気候変動が叫ばれ、地球の危機が叫ばれている現在、英国にみる自然環境保護を第一とするトラスト運動は、英国内はもとより世界にもその影響力を与えている。その歴史を追い、その理念と実態を明らかにする。「ナショナル・トラスト運動」を追う第５弾！『ナショナル・トラスト 100周年への道筋』の続編。

イギリス植民地貿易史
――自由貿易からナショナル・トラスト成立へ――
四元忠博 著
Ａ５判・上製・360頁・定価3000円（税別）

イギリス経済史を俯瞰することは現在のグローバル化世界の根幹を知ることでもある。そのたゆまぬ人・モノ・カネの交流・交易――経済成長の行く先が「自然破壊」であった。そんななか自然保護運動として始まったナショナル・トラスト。本書は、その成立過程をイギリス経済史のなかに位置づける。

現代日本の国立公園制度の研究
国立公園は自然保護の砦かレジャーランド・リゾート地かを問う
村串仁三郎 著
Ａ５判・上製・448頁・定価6000円（税別）

自然保護・環境保全をないがしろに、今、日本の国立公園の観光地化が急速に進んでいる。「国民のための国立公園」とはなにか、半世紀に及ぶ著者の研究成果がここに。国立公園制度の構造的特質を問い、「国立公園は自然保護の砦」という著者が新たな方策として地域制国立公園の概念とその問題性を提示する。